本书获得国家社会科学研究基金一般项目"基于外部性约束的偏向性政策激励与清洁技术创新研究"（NO.16BJL036）、深圳市建设中国特色社会主义先行示范区研究中心资助项目"后疫情时代深圳发展新动能研究"（NO.SFQND2303)的资助

经管文库·经济类

前沿·学术·经典

清洁技术创新

Clean Technology Innovation

王　俊　著

U0312015

经济管理出版社

ECONOMY & MANAGEMENT PUBLISHING HOUSE

图书在版编目（ＣＩＰ）数据

清洁技术创新 / 王俊著 .—北京：经济管理出版社，2023.5
ISBN 978-7-5096-9017-8

Ⅰ.①清⋯ Ⅱ.①王⋯ Ⅲ.①无污染技术—研究 Ⅳ.① X38

中国国家版本馆 CIP 数据核字 (2023) 第 085866 号

组稿编辑：杨国强
责任编辑：杨国强
责任印制：黄章平
责任校对：张晓燕

出版发行：经济管理出版社
　　　　　（北京市海淀区北蜂窝 8 号中雅大厦 A 座 11 层 100038）
网　　　址：www.E-mp.com.cn
电　　　话：（010）51915602
印　　　刷：唐山昊达印刷有限公司
经　　　销：新华书店
开　　　本：710 mm × 1000 mm/16
印　　　张：12.75
字　　　数：216 千字
版　　　次：2023 年 6 月第 1 版　2023 年 6 月第 1 次印刷
书　　　号：ISBN 978-7-5096-9017-8
定　　　价：98.00 元

序　言

近 20 年来，积极应对全球气候变化、促进绿色低碳发展已成为国际社会的共识和行动。我国政府更是制定了"二氧化碳到 2030 年实现碳达峰，2060 年实现碳中和"的战略目标。要达此目标，对于碳排放总量最高、尚属于发展中国家的中国而言，无疑是一个巨大的挑战。改革开放以来，我国经济长期高速增长，消耗了大量资源，破坏了生态环境。为了实现可持续发展，国家提出了生态文明建设、绿色发展、美丽中国、"双碳"等一系列战略目标。在国内外新形势下，如何协调推进经济增长与生态环境保护修复，是一个亟待解决的难题，而推动清洁技术创新正是破解这一难题的重要路径。

本书以技术创新的方向选择为切入点，以外部性约束和内生增长框架等理论为基础，以市场机制为条件、绿色发展为目标，重点研究了相关政策激励清洁技术创新的机制。首先，通过文献整理掌握国内外研究进展，通过清洁技术的研究范围界定及度量指标选择，描述了我国清洁技术创新的发展趋势。其次，重点从理论上构建了内生增长模型，研究各类偏向性政策激励清洁技术创新的作用机制，包括环境税、清洁技术研发资助、相关产品的进出口贸易、可耗竭性资源价格、排放权交易制度及市场培育政策等因素的影响分析。再次，以我国汽车行业专利技术创新为案例，进行偏向性政策激励效应的实证分析，验证了理论所得结论的正确性。最后，分析国内外相关典型政策的主要内容，提出了运用偏向性政策激励我国清洁技术创新的政策建议。总之，本书研究对象明确、逻辑思路清晰、框架结构完整、数据资料充分，反映了作者较为扎实的理论基础和严谨的学术研究态度。当然，书中的理论拓展、实证分析等方面还有较大的提升空间。

随着世界对环境和气候问题越来越重视，环境因素纳入增长理论的研究范畴，是宏观经济理论研究的重要方向。本书正是从此方向展开了有益的探索，厘清了清洁技术与绿色技术、低碳技术、生态技术等概念的差异，强调了清洁技术与灰色技术、肮脏技术的相对边界；将清洁技术创新作为影响环境的重要变量，纳入增长理论的研究框架，重点分析了技术创新方向选择影响环境恢复目标的作用机制，将清洁技术与肮脏技术形成的环境外部性影响程度，作为政策工具制定的理论依据和约束条件。研究认为，清洁技术创新是实现经济增长与环境恢复双重目标的有效路径，但是，在市场机制有效运行的条件下，推动技术创新向清洁技术方向转轨必须制定有偏向性的政策来实现，中性的激励技术创新政策可能会产生负面的影响。因此，本书重点从清洁技术研发的专项补贴、清洁技术相关产品的国际国内市场培育、碳排放权交易和碳税制度等方面，系统地分析了偏向性政策的影响机制和作用路径，这对经济学的理论探索具有一定的学术价值，研究结论对政策实践指导具有一定的参考意义。

王俊是我在华中科技大学经济学院曾经指导的博士研究生，本书内容源自其博士论文《清洁技术创新的制度激励研究》。他毕业后一直致力于此领域的研究，获得了国家社会科学基金一般项目的立项资助，在《经济评论》等核心期刊上发表了诸多阶段性成果。现在将国家项目研究的结项成果整理出版，甚感欣慰。该书研究只是一个起步，希望作者继续努力，推出更好的科研成果。

李佐军

国务院发展研究中心

2022 年 5 月 28 日

前　言

本书主要以市场机制有效配置资源为条件，以经济增长与环境恢复协同发展为目标，重点研究外部性约束下偏向性政策激励清洁技术创新的作用机制、演化路径及政策效应，并结合国内外政策实践经验提出关于激励清洁技术创新的政策建议。全书主要内容分为以下五个部分：

第一部分是把握清洁技术创新的研究起点。一是整理文献，掌握国内外研究进展。通过整理文献发现，清洁技术的概念及其衡量指标没有被权威地界定；技术创新方向的影响因素研究处于起步阶段，理论和实证研究尚没有一致的结论；关于清洁技术创新的政策激励机制研究处于探索阶段，基于内生增长理论的 AABH 模型是目前较为重要的研究框架。二是界定清洁技术研究范围，选择度量指标。本书中清洁技术的界定，从排放角度定义为没有污染排放的技术，包含温室气体减排的低碳技术。为了度量清洁技术的创新水平，参考 2010 年由欧洲专利局和美国专利商标局联合创建的联合专利分类体系（CPC），选用其目录子类中的 Y02 系列，即关于减缓或适应气候变化或应用的技术，共分为 8 个类别。三是描述我国清洁技术创新的现状。根据国内外专利数据库检索可以发现，近 20 年，我国清洁技术创新取得了跨越式的进步，已经具有一定的国际竞争力和影响力。从国内专利数据库看，本国申请人所获取的有效专利数量已占绝对优势，且呈快速增长趋势，远超外国申请人并显示出挤出效应。从省份数据看，广东和江苏占据绝对优势，北京和上海增长趋势放缓，呈现出较好的商业化趋势。从 WIPO 的数据看，我国有效专利总量在全球排第四名，2018 年数据排在第三名，呈现出明显的上升趋势，与排名领先的美国和日本相比差距逐渐缩小。

第二部分是分析清洁技术创新的激励机制。本部分以 AABH 模型为基准，引入国际贸易相关变量，构建了新的环境内生增长模型，根据清洁技术和"肮脏技术"（与清洁技术相对应）相关产品的进出口组合，分为四种不同的国家情形展开讨论，可得出以下结论：一方面，从市场自由竞争和分散性竞争均衡角度看，在国内外市场自由竞争的条件下，国际贸易导致的进出口贸易份额和出口关税税率等变量能影响技术创新的方向。如果初始状态时生产主要集中于肮脏技术生产部门，通过影响相关变量可以推动技术创新转向清洁技术方向，但技术创新完全集中到清洁技术方向后，并不一定能阻止肮脏技术的运用和中间产品的生产。另一方面，从国内社会计划者与最优环境政策的角度看，政策干预市场的行为在外部性约束条件下，不会扭曲市场对资源的最优配置，即环境税和研发资助程度分别是以两类生产部门对环境的负外部性和正外部性为边界的。最优的政策工具选择是环境税和清洁技术资助两种政策的组合，但不同国家组合的条件是不同的，两部门技术产品的出口份额和关税税率均会产生重要的影响。当存在进口产品时，对清洁技术的研发资助可以用海关关税支持，不够时再用财政资金补足；而次优的政策工具仅为环境税政策。清洁技术创新的研发资助或者两部门技术产品替代弹性对政策的制定有重要的影响，当替代弹性较强时，采用环境税的政策使得技术创新完全转向清洁技术后，政策就应退出，市场机制会逐步推动肮脏技术生产完全转向清洁技术生产；而当替代弹性较弱时，环境税政策是一项持续性的政策，直至企业肮脏技术完全脱离生产过程后才能退出。

第三部分是拓展清洁技术创新的实现路径。这部分在第二章理论框架基础上从三个角度进行专题分析。角度一研究可耗竭资源价格的影响，重点是从肮脏技术部门生产成本上升迫使企业技术创新转轨的角度，研究可耗竭资源价格政策对企业行为的影响。角度二研究排放权交易制度对企业行为的影响，重点分析政府通过采取排放权分配方式，如何促使肮脏技术部门补贴清洁技术部门，使相对利润改变诱导企业技术创新方向转轨。角度三研究偏向性市场培育政策的影响，重点分析政策扩大清洁技术产品的市场份额，诱导企业部门扩大对清洁技术创新的研发投入，间接促进技术创新方向转轨。三个角度的研究内容均具有促进技术创新转轨的效应，可在外部性约束条件下将相关政策协调搭配使用，以发挥协同作用。但不同政策因素均有其适用条件和不足之处，且实践与理论常常有一定差距，故在实践中要根据不同国家和地区的实际情况，合理选择和搭配使用，以发挥最大效用。同时要在市场机制运行下，结合适当政策，加快推动技术创新转向清洁技术，最终实现经济增长和环境保护的可持续发展目标。

第四部分是展开清洁技术创新的实证分析。以我国汽车行业的技术创新为例，将新能源汽车技术和燃油汽车技术分别代表清洁技术和肮脏技术，根据专利数据梳理了我国两类技术发展的现状和趋势。偏向性激励政策指标主要是各省对新能源汽车市场培育的政策强度、环境规制强度、研发投入资金、国际贸易指标等，技术创新存量采用永续盘存法计算，分别为新能源汽车和燃油汽车的省内累计量和省外累计量。数据分析的时间范围为2007~2018年，选择25个省份作为研究主体，运用面板数据的泊松模型估计方法，并通过改变数据指标和估计方法的方式进行了稳健性分析，得出以下结论：一是新能源汽车市场培育政策、研发投入和环境规制等偏向性政策显示出具有技术创新向清洁技术方向的转轨效应，但国际贸易因素尚未显示出具有显著性影响特征。二是环境规制对燃油汽车技术创新具有显著的抑制效应，而研发投入具有显著的促进作用，新能源汽车市场培育政策并没有显著地抑制燃油汽车技术创新，说明新能源汽车对燃油汽车的替代效应还不明显。三是两类汽车技术创新均具有显著的路径依赖特征，即技术创新存量对同类技术创新具有正向作用；省内和省外燃油汽车技术存量对新能源汽车技术创新具有显著的负向作用，但省外新能源汽车技术存量对省内技术创新的溢出效应并不显著；省外的两类技术存量及省内的新能源技术对燃油技术创新的影响均不显著。

第五部分是提出清洁技术创新的政策建议。重点分析了国内外相关政策的内容，并提出了一系列政策建议。国内政策选择了直接激励政策《中华人民共和国清洁生产促进法》《节能低碳技术推广管理暂行办法》《能源技术革命创新行动计划（2016–2030年）》《关于构建市场导向的绿色技术创新体系的指导意见》，以及间接激励政策《"十三五"国家战略性新兴产业发展规划》《中华人民共和国环境保护税法》《碳排放权交易管理办法（试行）》等。国外政策重点分析了欧洲的《欧盟绿色新政》、德国的《国家氢能战略》、日本的《革新环境技术创新战略》。综合国内外政策经验及本书的理论分析结论，建议我国建立偏向性政策激励清洁技术创新的政策体系。总的原则是以市场机制为主导，偏向性政策的激励或约束强度控制程度以环境外部性为约束边界，并推动技术创新不断向清洁技术方向转轨，在促进经济增长的同时逐步修复生态环境，最终实现可持续发展目标。具体建议分别从保障、倒逼、推动和诱导等角度提出，包括创新管理体制机制、强化环境治理制度建设、给予专项研发资助、培育清洁产品市场等。

目　录

第一章　清洁技术创新的研究进展及发展态势分析

第一节　引言

随着全球气候变暖和环境问题日益凸显，从污染减排的角度，选择促进技术创新转向清洁技术（Clean Technology）方向将是世界各国的必然选择，也是平衡生态环境保护和经济持续增长的重要策略。特别是近 20 年来，积极应对全球变暖问题已经成为国际社会的共识，联合国先后通过《联合国气候变化框架公约》和《京都议定书》，确立了"共同但有区别的责任"原则，规定了具有法律约束力的众多国家的减排任务。而《巴黎气候变化协定》的签署，代表了缔约国家向全世界的减排承诺，遵守协定中的规定，履行各自的责任和义务。欧盟的《欧洲绿色新政》《欧洲气候法》从法律层面明确了整个欧洲到 2050 年实现"气候中性"目标；日本表示将于 2050 年实现碳中和目标；我国政府制定了"二氧化碳到 2030 年实现碳达峰，2060 年实现碳中和"的战略目标。世界各国相关政策已经极大地促进了清洁技术创新的发展，同时可以预见，国际碳减排压力趋紧的情况下，各国政府必将进一步加速推进清洁技术创新及低碳经济的发展。

我国经济仍处于快速发展的阶段，大量资源消耗的需求致使我国面临着巨大的碳减排压力和生态环境保护压力。一方面，要达到碳中和目标有较大的难度。自 2005 年以来，我国均为碳排放总量最高的国家，随着政府和各界的努力，增速逐步放缓，但在 2019 年，我国碳排放量 98.26 亿吨，占比为 28.76%，仍是世界第一。另一方面，生态保护和环境治理要求较为迫切。我国经济发展对生态环境已经造成了极为严重的破坏，但现在我国经济仍然处于快速发展时期，需要资源的大量使用和消耗，不能用牺牲增长的代价去换取生态恢复，因而在经济发展和环境保护两者之间难以平衡。尽管如此，我国仍然选择积极应对并制定了大量相关政策，努力通过技术创新来形成绿色健康的生产生活方式，希望走出一条可持续发展的新路。

国家先后提出了"生态文明建设"和"创新、协调、绿色、开放、共享"的发展理念，积极推进"供给侧结构性改革"，加快产业结构调整以推动增长与绿色协同发展，清洁技术创新作为重要的驱动力量得到了政府的高度重视和积极支持。一方面，在国内进行战略部署。如《国务院关于加快培育和发展战略性新兴产业的决定》明确提出要让节能环保产业成为国民经济的支柱产业，新能源、新材料和新能源汽车产业成为国民经济的先导产业；《关于构建市场导向的绿色技术创新体系的指导意见》明确了绿色技术创新的路线图和进度表。另一方面，积极寻求国际合作。加强国际对话交流，如积极举办或参加"全球清洁技术峰会"和"中美清洁技术创新论坛"等国际合作会议；促进合作平台建设，如"清洁技术国际创新中心""美中清洁技术创新中心"和"中加清洁技术创新中心"等机构的相继成立。

通过体制创新促进技术创新转向清洁技术的激励机制是当前迫切需要研究的问题，也是创新驱动、经济增长和绿色发展等问题的关键切入点。本书选择从清洁技术创新及其政策激励机制的研究视角，从理论上探讨在经济增长和环境保护双重目标下寻找一条最优发展路径，在政策引导和市场作用的配合下实现技术创新方向转轨，在生态环境恢复过程中实现经济的快速增长。在展开研究前，需要对研究的主要内容、国内外研究进展及我国清洁技术的发展态势进行必要的阐述。

第二节　研究内容与思路

一、研究内容

本书主要在市场机制有效配置资源的条件下，研究外部性约束的偏向性政策如何打破非清洁技术进步的路径锁定，进而转向清洁技术创新轨道，通过技术创新转型推动经济增长与环境恢复协调同步发展。具体而言：一是研究清洁技术创新的概念及其衡量指标，掌握我国清洁技术创新的发展情况。二是构建一般分析理论框架模型并结合实证分析的方式，研究外部性约束下偏向性政策激励清洁技术创新的作用机制。三是通过分析结论结合国内外政策实践经验，提出如何建立适合我国国情的偏向清洁技术创新的激励政策体系的建议。"偏向性政策"是指偏向清洁技术创新的激励政策，如清洁技术创新的专项资助、清洁技术生产或清洁产品市场的专项补贴、环境治理的相关政策等，而非普遍的税收减免、专利保护、研究资助等中性的研发激励政策。"外部性约束"是偏向性政策制定的理论依据，即激励和约束效应分别以技术创新的正外部性和环境污染的负外部性为范围，以此保障不扭曲市场机制的有效运行，建立各种偏向性政策的协同作用机制、协调控制机制、适时退出机制等，实现保障经济增长的同时在技术创新方向转轨进程中逐步推动生态环境恢复。主要内容分为五个章节，具体如下：

第一章为清洁技术创新的研究进展及发展态势分析，主要是在展开正式研究前的基础准备工作。一是对研究的主要内容、研究思路和学术观点及创新等进行介绍，重点是搭建研究的主体框架结构。二是对国内外相关研究进行文献梳理，掌握学术研究的动态和进展。通过文献整理，寻找研究的理论基础和关键切入点，抓住学术研究前沿和研究重点。三是界定本书清洁技术的范围并掌握我国清洁技术创新的基本情况。通过分析清洁技术创新的界定、内涵与外延，以及清洁技术及产品的分类等，确定清洁技术的度量指标，研究我国清洁技术创新发展历程、现状与趋势等。

第二章为偏向性政策激励清洁技术创新的基本分析，重点是构建数理模型，研究在开放经济条件下向清洁技术创新转轨的市场微观作用机制及其存在的问题。建模思路主要是基于 DTC、AABH、内生增长、环境经济等理论构建模型框架，再结合市场机制研究偏向性政策的外生影响机制，运用影子价格的方式研究外部性的决定参数，以此研究诱导厂商研发方向转轨的偏向性政策的激励边界，以及各类政策之间的边界及退出条件，分析技术转轨、环境恢复和经济增长的路径。具体内容主要是在环境恢复和经济增长的双约束下，建立开放经济的内生增长模型，研究从肮脏技术转向清洁技术创新的市场影响因素及作用机制，包括技术进步的路径依赖、技术创新的知识溢出效应等；研究税收变化与专项研发资助等政策对技术方向转轨的影响机制；研究国外部门因素引致国内转向清洁技术创新的作用机制。

第三章为偏向性政策激励清洁技术创新的专题分析，在第二章理论框架的基础上继续深化，选择从三个角度拓展进行专项理论分析。一是不可再生资源的影响机制。在开放经济条件下，资源消耗致使资源价格上涨，促进技术创新方向转轨及经济可持续发展的影响机制。二是碳排放权交易的影响机制。国内外碳排放权交易是政府通过产权方式对二氧化碳排放进行总量控制，以应对全球气候变暖的一种手段。重点讨论不同的碳排放权交易制度如何促进技术向清洁技术方向转轨。三是清洁技术产品市场培育政策的诱导作用机制，主要包括对清洁技术产品的政府购买、税收补贴、购买补贴和配套基础设施建设等政策，或通过舆论宣传以增加公众参与环境保护的道德约束和增强清洁技术产品的需求偏好等。

第四章为偏向性政策激励清洁技术创新的实证分析，重点以汽车行业为案例研究偏向性清洁技术创新的政策激励效应。主要是通过数据搜寻、指标构建、计量分析等方式进行偏向性政策激励的实证分析，以验证理论分析的正确性和合理性。一是选择我国清洁技术聚集的新能源汽车行业为案例，获取相关数据可通过制订调研计划进行咨询、问卷和调查等方式，或查询各类统计年鉴和专业数据库，如根据 SIPO 系统的 IPC 分类码来区分专利技术的类别。二是运用所得的数据构造合适的分析指标，并构建科学的计量模型，运用动态计量面板数据的研究方法，定量评估激励清洁技术创新的各类偏向性政策效应，以及知识的累积效应和溢出效应。三是分析各类偏向性政策激励有效程度的差异，讨论在我国政策实践有效的条件性和适用性。

第五章为偏向性政策激励清洁技术创新的政策分析。根据理论和实证分析的结论，结合制度经济、宏观经济与环境经济等理论，提出构建偏向性政策激励体系的建议。一是选择我国政府制定的典型性相关政策进行分析，主要包括间接激励清洁技术创新的环境政策和直接激励清洁技术创新的研究支持政策。总结经验和教训，为系统制定清洁技术创新的激励政策体系提供依据和参考。二是选择国外典型性相关政策进行分析，如欧盟的《欧洲气候法》、德国的《国家氢能战略》等，整理和总结其中有价值的政策条款，我国可以有选择性地借鉴。三是提出构建激励清洁技术创新制度体系的偏向性政策建议，包括创新管理体制机制、强化环境治理制度、给予专项研发资助和培育清洁产品市场等方面。

二、研究思路

研究的理论目标是将环境变量引入内生增长理论构建理论分析模型，厘清转向清洁技术创新的市场和政策因素及其作用机制的内在逻辑关系，明晰外部性约束下偏向性政策的激励机制与激励效应，以及技术转轨、环境恢复与经济增长的演进路径。应用目标主要是在理论分析的基础上，通过指标构建掌握我国清洁技术创新的情况，并结合国内外偏向性激励政策的实践，提出政策建议以加快推动我国清洁技术创新及其应用，进而把握转型机遇实现对发达国家的技术超越，还能有效推动产业结构转型升级实现绿色经济发展。

基本思路如图 1-1 所示，主要分为四个研究步骤。首先，研究国内外文献掌握最新研究动态，构建清洁技术衡量指标掌握我国发展情况；其次，研究清洁技术创新的市场内生和政策激励的作用机制，将偏向性的激励政策分别作用于研发、生产和市场等环节，通过"推""逼"和"诱"来引致技术创新转向清洁技术，达到经济增长和环境恢复的目标，实现增长与绿色协同推进的可持续发展；再次，进行实证研究，主要选择汽车行业案例定量评估激励因素及影响程度，以与理论分析相验证；最后，根据分析结论结合国内外政策实践经验提出适合我国国情的政策建议。

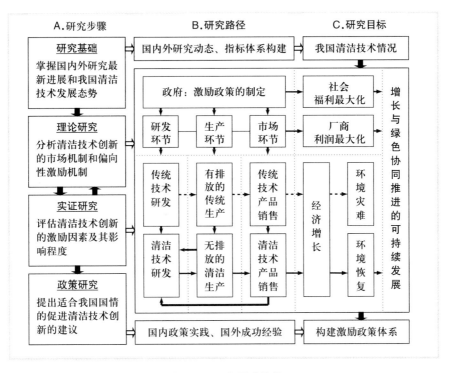

图 1-1　研究思路结构

研究方法主要有归纳整理、数理建模、演绎推理、动态分析、案例分析、比较分析、计量分析、定量分析与定性分析等，主要通过文献整理、会议研讨、问卷调研和专家咨询等形式展开，研究方法同时涉及研发行为与技术创新理论、经济增长与宏观经济理论、博弈论与微观行为理论、资源与环境经济理论、计量经济与计算软件等领域的理论和工具。

三、研究特色与创新

（一）学术思想方面

在市场机制的作用下，诱导技术创新方向转向清洁技术，需要偏向性而非中性的政策激励，激励程度需要控制在外部性约束的范围内，才能保证在不损害经济增长的同时使环境逐步恢复。在外部性约束下，各类偏向性政策可以建立协同作用机制，包括政策的替代和互补机制，动态调整机制和退出机制，能有效避免政策激励的过度或不足。在内生增长的框架下，引入环境变量可通过影子价格的方式将外部经济内部化，并能研究技术转轨、经济增长和环境恢复的路径。通过理论分析并结合国内外政策实践，构造外部性约束的偏向性政策激励体系，能够有效解决我国科研体制中存在的问题，如国内战略性新兴产业中比较散乱的激励政策如何变得有效和有序。

（二）学术观点方面

一是通过清洁技术创新的方式可以实现经济增长和环境恢复的协调发展目标，技术进步的路径依赖属性使得向清洁技术创新转型需要外生政策的冲击，而且转轨过程为技术落后国家提供了"弯道超车"的历史机遇。

二是偏向性政策激励程度要以外部性为范围发挥各类政策的协同作用，引致清洁技术创新，使得污染排放速度低于生态自我修复速度时，经济将会实现持续增长并逐步实现生态恢复，所以要建立政策进入、执行和退出等过程的控制机制，以防控政策对资源配置的扭曲作用。

三是清洁技术研究资助、排污税或碳税、排放权交易制度、清洁技术产品的购买补贴及配套设施资助等政策均能产生清洁技术偏向效应，通过舆论宣传、创建示范、清洁标签等方式激发公众对清洁技术产品和绿色环境的偏好，也可以间接激励清洁技术创新行为。

（三）研究方法方面

研究方法的创新在于多学科研究方法的交叉结合。如理论上考虑在 DTC 及 AABH 模型的基础上，即引入环境约束和细化微观基础，构建新的内生增长模型以适应研究主题；实证上以知识专利库数据来区分技术类别，构造各类影响因素的代理变量和恰当计量模型来评估政策效应。所以，研究需要将制度变迁与技术演变相结合，将宏观政策与微观行为相结合，将经济增长与环境恢复目标相结合，会涉及技术经济、宏观经济、微观经济、制度经济、环境经济、演化经济、计量经济等多学科的研究方法和研究范式的融合。

第三节　国内外研究动态

一、清洁技术概念界定及其衡量指标方面

清洁技术是近年来随着人们对环境问题的关注而出现的一个新名词，这类技术也常被称为环境友好技术（ESTs）或者绿色技术（Hall 和 Helmers，2011），但内涵仍然有所区别。清洁技术投资集团（CG）认为，清洁技术涵盖多元化的产品、服务和方法，它们帮助各个领域实现以更低的成本提供卓越的性能、减少或消除负面生态影响、提高生产力和节约自然资源。哥本哈根会议将其定义为在发展生产或实施新产品、新工艺及改进过程中的一些活动，使之有助于生产可再生能源和可持续发展材料；减少使用天然资源、更有效地利用资源或能源；降低由化石燃料造成的危害；通过产品、工艺减少污染问题（陈健和安玉明，2014）。

学术研究中，一些学者认为清洁技术指任何产品或服务在提供价值的过程中，比常规方法更少地使用不可再生资源或减少废弃物排放的技术（Pernick 等，2011），或者比较极端指完全没有碳排放的技术（Aghion 等，2012）。国内学者将清洁技术范围限定为对环境有利的技术，主要包括通过可再生资源的利用技术、提高能源使用效率的技术以及减少温室气体排放的技术三类（如陈琼娣，2012）；或将技术分为有利于环境的生产技术创新和污染治理技术的创新（如张成等，2011）。国内外相当多的文献并没有将绿色技术、环境技术、生态技术等与清洁技术的概念相区分，需要进一步研究以明确清洁技术概念的内涵与外延（马媛等，2014）。

另外，在清洁技术的衡量指标方面，清洁技术投资集团（CG）和世界自然基金会（WWF）先后发布了《2012 年全球清洁技术创新指数》《2014 年全球清

洁技术创新指数》和《2017 年全球清洁技术创新指数》。指数研究报告中将清洁技术设定为跨越至少 16 个产业领域的技术，并显示我国全球排名分别为第 13 位、第 19 位和第 18 位；而我国国家发改委和环保部先后公布了三批次的《国家重点行业清洁生产技术导向目录》，但因涉及面有限而影响较小。总之，国外的相关研究相对领先，而我国对于清洁技术的属性、类别划分和衡量指标的研究还没有系统地展开，需要加大研究力度构建符合我国实际情况的指标体系，掌控我国清洁技术创新的情况，从而为制定相应的激励政策提供依据。

二、技术创新方向选择的影响机制研究方面

技术创新方向选择影响机制的理论研究方面，早期的争议在于是否存在要素偏向效应，如 Hicks（1932）认为，生产要素相对价格的变化是激发技术创新的动力，并能推动特定方向的技术创新；而 Kennedy（1964）和 Samuelson（1965）认为，创新可能性边界决定了要素收入分配，诱导性技术创新没有要素偏向效应。而当前更多的研究是关于技术偏向效应影响因素的讨论。如 Acemoglu（1998，2002）提出了导向性技术创新（DTC）理论，并认为偏向性技术进步主要依赖于价格效应、市场规模效应和直接技术进步效应等方面的影响；Aghion 和 Tirole（1994）认为，厂商内部组织的差异，或 Aghion 等（2008）认为，研究者对于自主权要求的差异，可以改变跨领域研究的相对收益进而产生偏向技术进步效应。

经验研究表明，一方面，政策能够影响研发的方向，如 Li（2012）对政府特别部门的类型引致技术创新方向选择的研究；Budish 等（2013）对专利条款引致不同类型癌症药物研发选择的研究；Hanlon（2015）对棉花供应短缺引致英国纺织业生产技术研发转向的研究。另一方面，政府资助研发的收益受到一些固定因素的挤出效应而限制政策的作用，如 Hall（1996）发现，扣除政府资助研发投入后，厂商控制的研发投入产生了零或者负的收益；Irwin 和 Klenow（1996）通过对半导体行业的研究发现研发协作导致私人厂商研发的急剧下降；Goolsbee（1998）认为，科学家薪水的增加可能抵消了政府基金增加的绝大部分；Wallsten（2000）研究认为，对企业研究补助比重相对较小而导致受助人整个研究支出总体上没有显著增加；Bryan（2014）认为，基础研究对研究链产生了溢出效应，导致私人部门研究供应不足。

国内对于技术进步偏向的研究主要集中在技术偏向的测度上（如黄先海和徐圣，2009；陆雪琴和章上峰，2013；陈宇峰等，2013；钟世川和刘岳平，2014），近年来也有少量关于技术偏向影响因素的分析。如张莉等（2012）引入外商直接投资和劳资谈判能力等因素，分析国际贸易引致的技术偏向问题，发现发展中国家的技术进步偏向于资本节约型。杨飞（2014）从价格效应、竞争效应和市场规模效应的角度研究了南北贸易对技能偏向技术进步的影响，认为发达国家向发展中国家，进口通过竞争效应，出口通过价格效应促进技能偏向性技术进步，中国相对于发展中国家的进出口对技能偏向性技术进步的边际效应更大，其中进口的效应大于出口，南北贸易还提高了发达国家的全要素生产率，得到与Bloom等（2011）基本一致的结论。

三、清洁技术创新的政策激励机制研究方面

随着环境问题的日益严重和应对全球气候变暖压力的加大，很多国家都采取了环境保护的政策致力于促进清洁技术创新以实现绿色低碳的发展方式。经验研究表明，政策调整导致能源市场价格变动，而能源价格的上升会促使厂商研发行为从传统技术转向清洁技术创新（Newell等，1999；Popp，2002；Crabb和Johnson，2010；Hassler等，2011）。

在不扭曲资源配置的条件下，主要有两种经济手段能引致技术创新转向清洁技术（王俊，2015）。

第一种是庇古的收费手段，即依据生产的外部性给予厂商额外征税或研究资助。近年来这方面的研究在DTC框架下展开成为一种趋势（如Ricci，2007；Reis等，2008；Grimaud和Rouge，2008），标志性的成果是Acemoglu等（2012）提出的理论框架，该理论受到了广泛讨论和积极发展（Pottier等，2014）。如Hemous（2012）研究了两国存在双边贸易时单边的减碳政策对两国转向清洁技术研发路径的影响；Aghion等（2012）以不同国家汽车行业的专利数据为基础进行分析，认为碳税政策促对进厂商转向清洁技术研发有显著的影响，但研发补贴的影响不显著；Acemoglu等（2016）认为，尽管政策可以促使研发转向清洁技术，但转换过程可能比较缓慢，并发现研究资助在转换过程中有更为重要的作用。

第二种是科斯的产权手段，即通过确定排放权额度并控制其交易激励清洁技术创新。研究主要集中于欧盟碳排放交易制度（EU ETS）是否引致厂商减排

技术创新的问题。一是认为排放权配额可能因过度的分配而对技术创新形成极大的抑制作用（Schleich 和 Betz，2005；Gagelmann 和 Frondel，2005；Grubb 等，2005；Neuhoff 等，2006）。二是认为 EU ETS 存在引致清洁技术创新效应（如 Tomas 等，2010；Martin 等，2011；Rogge 等，2011），研究发现，受规制厂商的低碳技术创新增长达到 10%（Calel 和 Dechezlepretre，2014）。三是认为 EU ETS 对低碳技术创新的影响不确定（Brewer，2005；Anderson 等，2016）。另外，培育清洁产品市场需求的政策也是引致清洁技术创新的重要因素（Schmookler，1966；Myers 和 Marquis，1969；Acemoglu 和 Linn，2004）。姜江和韩祺（2011）通过对市场培育影响技术创新的文献梳理认为，重大紧迫的需求可以直接引发产业的技术变革；市场需求可以较大程度影响产业技术创新的力度、速度和方向。

国内相关问题研究仅涉及探索性的实证研究，发现技术进步表现出显著的路径依赖和知识溢出特征，而政策作用效应没有得出一致的结论。如景维民和张璐（2014）运用我国工业行业面板数据研究了环境管制及对外开放影响绿色技术进步的机制，发现我国技术创新存在着明显的路径依赖特征，合理的环境管制能够转变技术创新的方向，进出口对清洁技术创新存在着相反的推动作用；王俊和刘丹（2015）运用我国汽车行业的专利数据评估了政策激励清洁技术创新的效应，认为我国清洁技术产品的市场培育政策和环境治理政策均产生了显著的效应，但中性的研发资助政策并没有带来清洁技术创新的偏向效应，技术创新存在着显著的路径依赖和知识溢出效应。

四、研究评述

初始技术创新未曾考虑环境问题，路径依赖可能导致技术进步被锁定在高排放的传统技术之上，发展的最终结果是环境将走向灾难。为了实现经济增长和环境恢复双重目标的绿色发展，需要政府采取措施以打破传统高排放技术的路径依赖，推动技术创新转向清洁技术的轨道，所以需要将技术类型划分为清洁技术和传统技术，进而研究偏向清洁技术创新的各类政策的激励机制，为推动清洁技术创新提供政策建议。

上述文献研究发现：一是清洁技术的概念及其衡量指标还没有权威的界定。国内相关研究相对滞后，对于清洁技术的属性、类别划分和衡量指标的研究还没有系统地展开，需要加大研究力度构建符合我国实际情况的指标体系，掌控我国清洁技术创新的情况，从而为制定相应的激励政策提供依据。二是技术创新方向的影响因素研究处于发展阶段，理论和实证并没有得到一致的结论。诱导技术创新的方向需要偏向性而非中性的激励政策，而我国丰富的政策实践使之存在着一定的研究优势，如偏向性的政策在航天和高铁领域的技术创新上获得了成功，但在汽车和光伏产业方面还存在很多问题。三是清洁技术创新的激励机制研究还处于探索阶段，而国内直到近几年才有少数学者以清洁技术创新为主题展开研究。推动技术进步转向清洁技术需要激励政策的外生性冲击，但要保障市场机制有效配置资源的经济增长，政策作用效应必须控制在外部性的约束范围内。因此，相信随着经济增长与环境矛盾的激化，如何通过偏向性政策激励清洁技术创新，进而实现经济增长与绿色发展双重目标的研究，将具有重要的研究意义和学术价值。

第四节　我国清洁技术创新发展的态势

一、清洁技术的内涵

在众多的文献中，并没有将清洁技术与绿色技术、生态技术、低碳技术等区分开，经常是混合替换使用，看上去都是促进环境保护或可持续发展的相关技术，但从严格意义上讲却存在较大的差异。实际上，这几类技术所辖范围界定还是较为明确的，根据文献查找梳理，这里给出了相对比较权威的定义。

关于绿色技术的定义，国家发改委和科技部于2019年印发的《关于构建市场导向的绿色技术创新体系的指导意见》中界定为"绿色技术是指降低消耗、减少污染、改善生态，促进生态文明建设、实现人与自然和谐共生的新兴技术，包括节能环保、清洁生产、清洁能源、生态保护与修复、城乡绿色基础设施、生态农业等领域，涵盖产品设计、生产、消费、回收利用等环节的技术"。

生态技术指遵循生态学原理和生态经济规律，能够保护环境，维持生态平衡，节约能源资源，促进人类与自然和谐发展的一切有效的手段和方法，主要包括节能环保、无公害化、再生能源利用、消除污染和废弃物再利用等相关技术，生态技术将经济活动和生态环境作为一个有机整体，追求的是自然生态环境承载能力下的经济持续增长（秦书生，2006）。

低碳技术指以能源及资源的清洁高效利用为基础，以减少或消除二氧化碳排放为基本特征的技术，广义上也包括以减少或消除其他温室气体排放为特征的技术。根据减排机理，低碳技术可分为零碳技术、减碳技术和储碳技术；根据技术特征，可分为非化石能源类技术、燃料及原材料替代类技术、工艺过程等非二氧化碳减排类技术、碳捕集利用与封存类技术和碳汇类技术五大类。

《2017年全球清洁技术创新指数》认为，清洁技术与资源创新、产业效率和可持续技术等可以互换使用，清洁技术包括能源效率、能源储存、氢与燃料电池、先进材料、农业与食品、智能电网、交通、水和污水处理、水力与海洋动力、废物可回收利用、太阳能、风能、地热、空气、生物质能、生物燃料与生化材料16类。

从各类技术的定义比较可以发现，绿色技术是一个更为广义的概念。如果从环境保护的角度、资源效率提高的角度或者可持续发展的角度，广义而言这几类技术并没有多大的差别，可以认为清洁技术、生态技术和低碳技术都从属于绿色技术，但如果从研究对象的角度而言，还是存在较大的差异。

一方面，低碳技术和清洁技术都是从排放的角度研究问题。低碳技术是在生产或使用过程中用来减少碳排放的技术，广义而言是减少温室气体排放，主要针对全球气候变暖问题所采取的技术创新。而清洁技术是用以减少污染排放的技术，包括低碳技术的范围，从这个角度而言，低碳技术属于清洁技术的范围。如果进行更细致的划分，认为清洁技术是相对于肮脏技术（Dirty Technology）和灰色技术（Gray Technology）的分类。当产品在生产或使用过程中没有产生污染排放（包括温室气体排放）则为清洁技术，而产生污染排放则为肮脏技术，当使用的技术使污染排放减少，但不能达到完全不排放污染，这类技术则称为灰色技术。例如，在新能源汽车领域中，纯电动汽车技术可认为是清洁技术，混合动力汽车技术可认为是灰色技术，而燃油汽车技术则可认为是肮脏技术。从这个角度而言，低碳技术既可能是清洁技术，也可能是灰色技术，并不完全从属于清洁技术。

另一方面，清洁技术和生态技术的研究角度明显有差异。生态技术是基于生态系统的科学性研究问题，注重环境保护、生态修复和治理、资源合理开发和利用、可再生能源开发、资源回收利用等方面，主要从生态环境的角度研究问题。大部分生态技术是和注重减少污染排放的清洁技术重叠的，但还有很大的差异性，如生态修复技术、资源可燃冰和页岩气的开发利用等属于生态技术，但不能属于清洁技术。

总之，清洁技术、生态技术和低碳技术均属于绿色技术，但根据研究侧重点的不同，三者大部分技术是重叠的，同时也存在着较大的差异，准确而言，在很多文献中将这几类技术混合替换使用是不合理的，应根据研究的主题选择适合的技术研究范围。

本书为了从理论上研究技术创新的方向转轨问题，将技术创新分为清洁技术和肮脏技术两类。为了分析的便捷和数据的获取，这里将温室气体减排的低碳技术纳入清洁技术的范围，其他的灰色技术因仍然会产生污染问题而纳入肮脏技术之中，所以本书的清洁技术是从排放的角度定义为没有污染排放的技术（包含减少温室气体排放的技术）。从这个角度而言，与《全球清洁技术创新指数》中的清洁技术概念存在着一定差异，本书的限制条件更为严格，因此，本书清洁技术概念下的国家排名情况会与之产生较大的差异。

二、清洁技术创新的指标选择

发明新技术后一般会向专利管理局申请专利，这样可以获得官方授权并得到有效的知识产权保护，而为了更好地管理和检索专利技术，专利管理局需要对不同的技术进行分类归档。国际上一直通行的分类标准遵循的是世界知识产权组织（WIPO）的《国际专利分类表》（IPC 分类），主要分为人类生活需要、作业与运输、化学与冶金、纺织与造纸、固定建筑物、物理、电学、机械工程八大类。随着大量新技术的不断出现，IPC 分类相对比较宽泛，在使用中存在的问题越来越多，2010 年由欧洲专利局（EPO）和美国专利商标局（USPTO）合作创建了联合专利分类（CPC）体系。CPC 分类主要包括 A~H 和 Y 共 9 大类 25 万条条目，在使用过程中极大地提高了工作效率，逐渐成为国际接受的新分类标准，特别是其中作为补充的 Y 部分类号，将所有关于减缓或适应气候变化的技术或应用的技术都纳入科目 Y02。通过整理和分析相应的条目发现，该科目基本涵盖了清洁技术的范围，因此，本书的清洁技术创新水平选用 CPC 分类中 Y02 的授权专利数量作为度量指标。Y02 目录包含了八大类相关技术，一至四级分类的具体条目及相应编码见附录一，这里仅对所包含的主要技术作相对简单的介绍。

（一）适应气候变化的技术

一是在沿海地区和河川流域等区域适应气候变化的技术，包括沙丘恢复或创造、人工礁、防洪、洪水和雨水管理、监测和预测等方面的相关技术。

二是节水、高效供水和高效用水方面适应气候变化的技术，包括雨水收集、水脱盐、灰水使用、储水或供水系统中的泄漏减少、水过滤、水污染控制技术、离网动力水处理、河道修复、咸水入侵屏障、含水层补给、用户级节水技术，以及工业供水节水的相关技术。

三是关于适应或保护基础设施及其运作的适应气候变化技术。包括极耐候供电系统、用于改进隔热的结构元件或技术、与暖通或空调技术有关、运输规划或发展城市绿色基础设施等。

四是在农业、林业、牲畜或农业食品生产中的适应气候变化技术。包括在农业中的非生物胁迫、转基因植物、生物来源的可持续肥料等技术，以及改善土地利用、改善水的使用或可用性、控制侵蚀、温室技术、特别适合耕作、特别适用于储存农业或园艺产品等技术；生态走廊或缓冲区的相关技术；在畜禽中的使用可再生能源技术；渔业管理中的水产养殖技术；食品加工或处理中的使用可再生能源技术。

五是在人类健康保护方面适应气候变化的技术。包括改善或保存空气质量技术，如碳烟微粒、烟雾、气溶胶微粒、灰尘等大气颗粒物治理；防治病媒传染的疾病，如蚊子传播的，苍蝇传播的，蜱传播的或水传播的疾病，这些疾病的影响因气候变化而加剧。

六是对适应气候变化作出间接贡献的技术。包括支持适应气候变化的信息和通信技术；水资源评价；监测或打击入侵物种等。

（二）涉及建筑物的气候变化延缓技术

一是建筑物中可再生能源的整合。包括光伏、太阳能热、风能、地热热泵、住处中的水能、混合动力系统等相关技术。

二是节能照明技术。包括半导体灯；提供节能的控制技术，如用于街道照明。

三是高效能采暖、通风或空气调节。包括使用热泵的热水或热空气集中采暖系统、区域供热、使用回收热或废热的家庭热水供给系统、热回收泵、自由冷却系统、热回收单元、基于吸收的系统等技术；高效控制和调节技术；无源住宅；双幕墙技术。

四是目的在于改进家用电器能效的技术，如太阳能烹饪炉灶或炉。

五是电梯、自动扶梯和自动人行道中的节能技术。

六是用于终端用户侧的高效的电源管理和消耗技术。包括通过使用开关模式电源供给改进效率的技术，即高效的电力电子转换；在建筑领域作为气候变化减缓技术的智能网络；在建筑物中支持终端用户应用设备的碳中性操作的智能电表等技术。

七是改进建筑物温度性能的建筑或构造元素。包括玻璃、屋顶花园系统的绝热技术。

八是对温室气体减排有潜在或间接贡献的技术或使能技术。包括燃料电池在建筑中的应用；系统集成中关于电源网络操作的技术，以及作为改进住宅或三级负荷管理的碳足印的媒介的通信或信息技术，即在建筑领域中作为使能技术的智能网络。

（三）温室气体的捕捉、存储、扣押或处理技术

主要是除了二氧化碳以外的温室气体的捕捉或处理，包括氧化亚氮、甲烷、全氟化碳、氢氟碳化物或者六氟化硫等处理技术。

（四）信息和通信技术中的减缓气候变化技术

信息和通信技术中的减缓气候变化技术主要指减少自身能源使用的信息和通信技术。

一是节能计算。

二是降低通信网络能耗的高级技术。

（五）与发电、输电、配电相关的温室气体减排

一是利用可再生能源的发电技术。包括地热能、水电能源、来自海水的能量、太阳热能、光伏能源、热光伏混合能源、风能等发电技术。

二是具有减排潜力的燃烧技术。包括在垃圾焚烧或燃烧时的热利用、热电联产、联合循环发电厂，为获得更有效的燃烧或热使用的技术，如直接或间接的二氧化碳减排。

三是核能发电技术。

四是高效的发电、输电、配电技术。包括柔性交流输电系统，有源电力滤波器，无功补偿，用于减少谐波的装置，用于消除或减少多相网络不对称的装置，超导电气元件、设备或集成超导元件、设备组成的电力系统，提高电网运行和通信或信息技术的系统集成技术以改善电力生产、传输或分配的碳排放，以及在能源部门作为缓解气候变化的智能电网技术。

五是生产非化石燃料的技术。包括生物燃料和来自废物的燃料。

六是对温室气体减排有潜在或间接贡献的技术或支撑技术。包括储能器、氢技术、燃料电池、高压直流输电。

七是其他减少温室气体排放的能量转换或管理系统。包括把能量存储与非化石能源产生相结合的系统。

（六）货物生产或加工中的气候变化减缓技术

一是金属加工相关技术。包括减少温室气体排放，提高工艺效率，可再生能源利用。

二是化工相关技术。包括造成温室气体排放的生产工艺的总体改进，与氯生产有关的改进，与己二酸或己内酰胺生产有关的改进，关于氯二氟甲烷生产的改进，与氯、己二酸、己内酰胺或氯二氟甲烷以外的产品的生产有关的改进，如散装或精细化学品或药物，生物合成、生物净化技术。

三是炼油和石油化工相关技术。如生物原料和乙烯生产。

四是矿物加工技术。包括水泥生产中的碳捕获和储存；石灰的生产或加工；玻璃生产；陶瓷材料或陶瓷元件的生产。

五是与农业、畜牧业或农业食品工业有关的技术。包括使用可再生能源；节能措施；减少农业中的温室气体排放；土地利用政策措施；造林或再造林；畜禽管理中的可再生能源的使用；钓鱼；食品加工中的食品储存或保存，饲料生产中食品加工副产品的再利用。

六是最终工业或消费品生产过程中的气候变化减缓技术。包括温室气体捕获、节省材料、热回收或其他节能措施；以最终制造产品为特征的制造或生产方法。

七是适用于全部门应用的减缓气候变化技术。包括有效利用能源；使用可再生能源的全部门应用；减少制造过程中的浪费，排放废物量的计算；最小化制造过程中使用的材料。

八是对减少温室气体排放有潜在贡献的扶持技术。包括工厂总控制，例如智能工厂、柔性制造系统或集成制造系统；特别适用于制造的计算系统；生产过程中的燃料电池技术；生产过程中的氢气技术；具有附加气候变化缓解效应的工业储能；用于生产过程的电动或混合推进装置；油井注入 CO_2 或碳酸水联合封存 CO_2 和开采烃类；管理或规划系统；减缓气候变化的金融工具；二氧化碳排放证书或信用交易。

（七）与运输有关的减缓气候变化的技术

一是客、货公路运输中的技术。包括采用内燃机的车辆；具有气候变化减缓效应的其他公路运输技术，如混合动力汽车、电机技术在电动车辆中的应用、用于电动车辆的储能、电动车辆中的电能管理；通用于所有公路交通的以减少温室气体排放为目的的技术。

二是经由铁路的货物或旅客运输相关技术。

三是航空或航空运输相关技术。

四是海上或水路运输相关技术。

五是对减缓温室气体排放有潜在或间接贡献的技术或支撑技术。包括关于电动汽车充电的技术，如充电站、插电式电动汽车；氢技术在交通中的应用。

（八）与废水处理或废物管理有关的减缓气候变化技术

一是废水处理技术。包括水、废水或污水的生物处理；污泥处理；以能源来源为特征的具有减缓气候变化作用的废水或污水处理系统，如利用风能和太阳能；废水、污水或污泥处理副产物的评价。

二是固体废物管理技术。包括与废物收集、运输、转移或储存有关的技术，如隔离垃圾收集、电力推进或混合推进；与废物处理或分离有关的技术；旨在减少甲烷排放的填埋技术；生物有机部分处理；从废物或垃圾的有机部分生产肥料；再利用、再循环或回收技术。

三是对减少温室气体排放具有潜在或间接贡献的扶持性技术或技术，如生物包装技术。

三、我国清洁技术创新的现状

（一）国内清洁技术创新的发展现状

根据 CPC 分类码 Y02 的专利技术类别，从智慧芽专利数据库检索可以得到，仅 2018 年，授权的有效授权专利数量为 10.11 万件，国内申请约占 98.5%，国外申请约占 1.5%。国内申请数量从 2001 年的 274 件上升至 2018 年的 99568 件，平均每年约以 41.45% 的增长率递增，因此，我国清洁技术创新取得了巨大的成绩。

2018 年前，中国专利数据库中有效专利的历年数据如图 1-2 所示，因为近三年可能还存在专利没有录入或在审查中的情况，入库总量数据存在一定的滞后性，不是很准确，所以图 1-2 仅报告有效范围 2000~2018 年的数据。

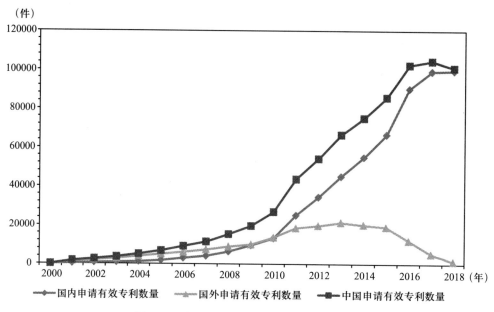

图 1-2　我国历年清洁技术有效专利授权量

可以看出：

一方面，有效专利数量发展分为三个阶段，2000~2009 年呈稳步发展阶段，这个阶段由于起步较低，各技术领域均处于专利积累阶段；2010~2016 年呈快速发展阶段，专利技术进入全面发展的时期，专利数量及增长率都快速上升；2017年至今为稳定发展阶段，这一阶段专利技术处于高位水平，增长率降低，应是数量向质量转变时期。

另一方面，从国内外比较而言，2019 年前，在我国授权的有效专利数量中，国内申请人获得的有效专利授权低于国外申请人，但 2010 年后，国内申请人获得专利授权反超国外申请人，并且呈现出快速增长的趋势，而国外申请人的有效专利数量增速放缓，到 2013 年呈快速下滑趋势。从这个角度讲，国内技术对国外技术呈现出了明显的替代效应。总之，从我国授权的有效专利数量上看，我国清洁技术创新呈良好的发展态势。

从各省累计有效专利数据上来看，如图 1-3 所示，排名前五的是广东、江苏、北京、浙江和山东，分别为 15%、14%、11%、8% 和 6%，合计达到 48%，接下来的五名是上海、安徽、四川、湖北和福建，授权的有效专利均超过了 2 万件。排名靠后的河南近年来呈快速的发展趋势，2018 年授权专利 3556 件，排名第八。另外，台湾有效专利累计 7000 多件，代表了台湾地区的科研实力，台湾和国外申请人一样，在 2009 年前都排在前列，近 10 年来不断被超越，现在处于中等水平。

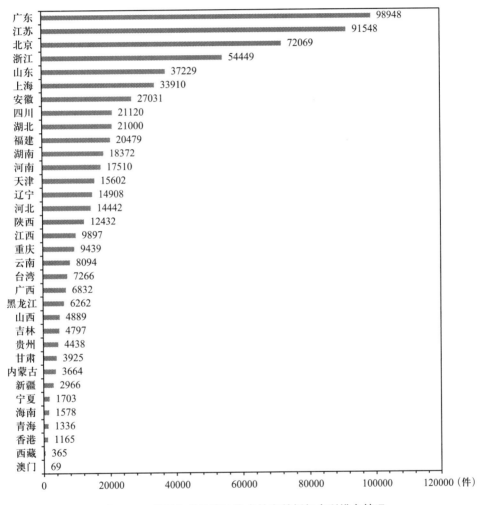

图 1-3　我国各省份清洁技术的有效授权专利排名情况

为了说明我国技术水平的省际结构差异，图 1-4 重点列出了排名前七的省份的授权数量轨迹。可以发现，广东、江苏和北京三地的各年份有效专利数量比较接近，一直处于领先位置的北京在 2015 年被广东和江苏超越，然后增长趋势放缓，而广东和江苏两地并驾齐驱，一路走高，技术创新发展迅速；上海逐渐被浙江、山东和安徽超越，特别是浙江已经超过北京，而上海和北京一样，增长趋势放缓。究其原因，一方面，与高校、企业的布局相关。北京的优势在于高校比较集中，广东的优势在于研发企业较多，而江苏高校和企业居中，从这个数据可以判断清洁技术创新主体逐步从高校走向企业，随着市场化和商业化的推动，资本力量的不断介入，企业逐渐成为研发的主要力量，未来还会延续这样的发展趋势。另一方面，取决于地方政府对相关研发和产业的支持力度，随着各地政府对生态环境的重视，这种趋势会越来越明显。

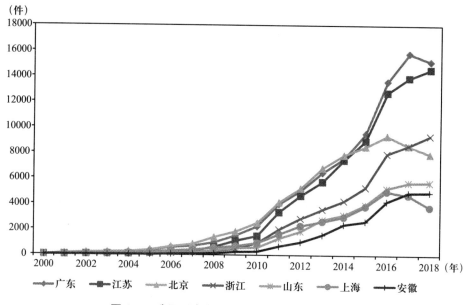

图1-4 我国重点省份历年清洁技术专利授权量

（二）我国清洁技术创新的国际地位

中国清洁技术在国际上的相对水平可以在 WIPO 中检索得到，如图1-5所示，截至2018年12月，累计专利数量为1000件以上的国家共有25个，代表了全球清洁技术创新的最高水平，主要技术专利集中在排名前七的国家，顺序为美、日、德、中、韩、法、英，特别是美、日、德三国占绝对领先地位。我国能够排名第四，是非常了不起的，我国技术长期处于落后的位置，能够赶上来，说明近些年我国在技术创新上得到了高速发展，但技术创新的速度明显落后于经济发展的速度。

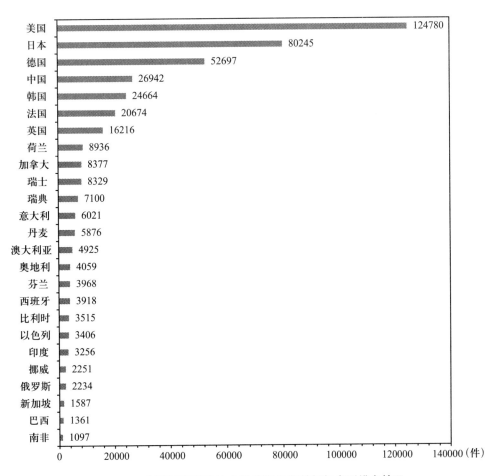

图 1-5 主要国家清洁技术的 WIPO 有效授权专利排名情况

从历年专利数据看，如图 1-6 所示，美国一直都处于绝对的领先位置，日本在 2002 年前落后于德国，但之后基本超过德国，特别是 2008 年后德国增长缓慢，而日本快速增长，在绝对数量上远超德国，除了中国和韩国，其他五国在 2012 年后专利数呈下降趋势，我国 2000 年处于末尾的位置，但是一路上涨，先后于 2010 年、2011 年、2014 年、2016 年超过英国、法国、韩国和德国，2018 年排名第三，特别突出的是 2012 年后当其他国家呈下降趋势时，我国依然保持快速增长的趋势，特别是 2015~2018 年，增长速度更快，到 2018 年，和美日之间的差距逐步缩小。这与我国长期对生态环境保护的政策有关，也与我国经济水平的提高有关。从发展趋势上看，我国清洁技术创新的水平会赶上美日，并超过他们，在数量上超过的基础上，再逐步从质量上超过，那将成为真正的第一，这需要长期付出艰苦的努力。

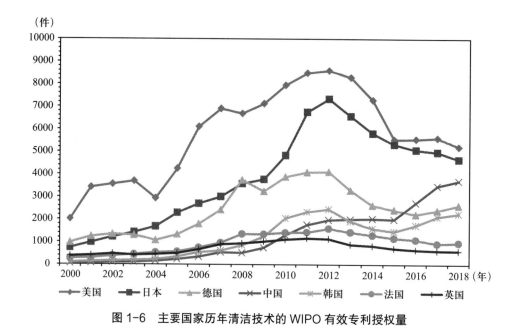

（件）

图 1-6　主要国家历年清洁技术的 WIPO 有效专利授权量

　　从当前的数据看，我国能在国际上排名第四，说明我国清洁技术创新已经具有了一定的国际竞争力，也反映了我国的技术实力，并与经济实力相匹配。在《2017 年全球清洁技术创新指数》中，我国排名第 18，主要是因为该指数涉及的评价指标和选择的数据库不同等。但从我国经济规模居全球第二的情况看，清洁技术创新水平排名如此之后，不能客观地反映实际情况。总之，从专利数据看，无论是在国内还是国际上，我国清洁技术均取得了快速的发展。在国际上已具备了一定的国际竞争力，虽然与技术领先的美日之间还存在一定的差距，但呈现出赶超的良好态势。

第五节　本章小结

　　本书研究内容布局主要分四个层面，首先，从理论上探讨偏向性政策激励清洁技术创新的作用机制，主要通过内生增长模型框架下引入环境变量，研究在开放经济条件下技术创新从肮脏技术向清洁技术创新转轨，实现生态环境恢复和经济增长的双重目标的政策作用机制。其次，从可耗竭性资源、碳排放权交易制度、清洁技术产品的市场培育等角度，进行了三个专题的理论研究，深化和完善了理论分析的研究内容。再次，根据理论分析的结论，选用我国汽车行业相关技术创新为案例，对政策影响变量进行实证分析。最后，根据理论和实证分析的结论，结合国内外的政策实践情况，构建了我国激励清洁技术创新的偏向性政策体系。

从相关主题的国内外文献梳理可以发现，清洁技术的概念及其衡量指标还没有权威的界定。国内相关研究相对滞后，对于清洁技术的属性、类别划分和衡量指标的研究还没有系统地展开；诱导技术创新需要偏向性而非中性的激励政策；清洁技术创新的激励机制研究还处于探索阶段，推动技术进步转向清洁技术需要激励政策的外生性冲击，要保障市场机制有效配置资源的经济增长，政策作用效应必须控制在外部性的约束范围内。随着经济增长与环境矛盾的激化，如何通过偏向性政策激励清洁技术创新，进而实现经济增长与绿色发展双重目标的研究，将具有重要的研究意义和学术价值。

本书研究的清洁技术是从排放的角度定义为没有污染排放的技术，包含温室气体减排的低碳技术。为了度量清洁技术创新水平，参考2010年由欧洲专利局和美国专利商标局联合创建的联合专利分类体系（CPC），选用其子类中的Y02系列，即关于减缓或适应气候变化或应用的技术，共分8个类别。根据国内外专利数据库检索，近20年我国清洁技术创新取得了跨越式的进步，已经具有一定的国际竞争力和影响力。从国内专利数据库看，本国申请人所获取的有效专利数量已经占绝对优势，且呈快速增长的趋势，远超外国申请人并显示出挤出效应。从省份数据看，广东和江苏占据绝对优势，北京和上海增长趋势放缓，呈现了较好的商业化趋势。从WIPO数据看，我国有效专利总量在全球排第四名，2018年为第三名，呈现出显著的上升趋势，与排名领先的美国和日本的差距逐渐缩小。

第二章 偏向性政策激励清洁技术创新的基本分析

第一节 引言

偏向性技术创新（Directed Technical Change，DTC）的研究源自 Acemoglu（1998，2002）的工作。DTC 模型是以偏向性技术创新为微观基础的内生增长模型，是从宏观经济的视角研究偏向性技术创新对经济增长的影响，进而分析宏观经济政策促进经济高质量发展的作用机制，以便为决策部门的政策制定提供参考。运用 DTC 模型的分析框架，在技术偏向劳动效率提高、偏向资本节约、偏向资源节约和环境保护等方面取得了较多的研究成果。特别是在全球气候变暖和环境破坏严重的背景下，资源节约和环境保护视角的理论和实证研究得到快速的发展，标志性理论成果是 Acemoglu 等（2012）在 DTC 理论框架上进行的改进，被称为"AABH 模型"。该模型通过引入技术偏向环境保护的因素构建了环境内生增长模型，是从技术创新方向的角度协调环境保护和经济增长两个目标的研究框架，是专门研究外部性约束下运用偏向环境保护的政策来促进清洁技术创新，进而实现可持续发展的作用机制。Acemoglu 等（2016）对于环境政策激励清洁技术创新进行了实证分析，认为 AABH 模型中的环境税和研究资助均对清洁技术创新有显著的影响。因此，AABH 为研究偏向性环境政策激励技术创新向清洁技术方向转轨提供了一个有价值的分析基准。

AABH 模型研究的不足之处在于研究对象是封闭经济，没有涉及对外贸易和国际合作，有一些学者在此基础上进行了探索。Hemous（2014）分析了南北贸易中环境与技术转轨的关系，学界分析南北实际上是把全球分为发达国家和发展中国家，所以南北贸易实际上指两个不对等国家之间的贸易行为，该研究没有考虑货物贸易，只考虑南方技术创新对北方技术创新的溢出效应，南方发达国家主要从事技术创新，北方发展中国家的技术创新则分为对南方的技术模仿和自身的技术创新两方面，然后分析单边环境政策对技术创新方向的影响，进而推动全球环境改善和可持续发展。Hemous（2016）进一步研究了国际贸易环境下单边环境政策的动态影响。从全球计划者的角度分析单边环境政策对技术创新转轨和可持续发展路径的影响。全球消费与生产实现总平衡，国内最终产品是采用道格拉斯函数将本国产品和国外产品复合而成。IVD Bijgaart（2017）研究了开放经济条件下单边政策与技术创新转轨，实现可持续发展的路径。研究以 AABH 模型为基准进行了拓展，模型分为国内部门和国外部门，强调了国际贸易平衡，即本国的出口等于国外的进口，反之亦然，且国家之间清洁技术和肮脏技术的两部门中间产品总贸易额是平衡的。模型将两部门产品进出口关税纳入分析框架，这就存在着国内外两部门产品对应的四种关税组合，且税收影响价格函数。这个框架分析把对外贸易简化为在两个国家之间进行，既是为了满足建模的需要，也是因为很多学者采取了同样的方式，但这并不符合事实。一是贸易是多国多边进行的，二是贸易可能长期处于逆差或顺差状态，三是从社会总体角度，各国政府只考虑本国经济与环境的发展，国际合作要在此基础上展开，这个问题往往没有展开考虑。

在当前经济形势下，绝大多数国家在制定政策时均从本国利益的角度出发，从全球角度出发的一般是一些国际性的组织机构，如联合国、WTO、世界卫生组织等，所以研究以本国的利益出发建立分析框架，再通过国际合作的方式来协调国家矛盾，寻求全球整体社会福利最大化目标，是一条可行的研究路径。本书正是沿着这条思路，并不是从全球的角度，而是从单个国家层级进行分析，是在 AABH 模型的基础上，将国外因素作用变量引入本国内生增长模型。根据清洁技术生产或肮脏技术生产的中间产品进出口进行组合，从而形成了四种不同类型的国家，即国家清洁技术产品和肮脏技术产品的组合分别为（净出口，净出口）、（净出口，净进口）、（净进口、净出口）、（净进口、净进口）。实际上，国家进出口情况是第一种情况与第四种情况相对应，第二种情况与第三种情况相对应，对应情况并不假设两国之间强制性的贸易平衡，而是分为四种不同情况国家进行分析，然后在此基础上研究实现可持续发展的问题。

在分析过程中可以进行简化处理，如果净出口为正值，那么净进口可用出口的负值形式表示，所以分析过程可以采用第一种情况为基准，在 AABH 的框架上展开拓展，以两部门技术产品净出口为条件展开分析，然后在此基础上分别对应研究其他三种情况。

模型主要从两个方面展开分析。一方面，在市场自由竞争的条件下，研究国际贸易相关变量对技术创新转向清洁技术的影响，进而讨论这些影响变量促使经济可持续发展的路径。另一方面，在外部性约束的条件下，研究相关变量对环境税征收额度的影响和对清洁技术创新资助的影响，并分析了政策工具对技术创新转轨和可持续发展的实现机制。因此，本书分析的结论可以给不同情况的国家提供更具针对性的决策参考。

第二节　模型框架

一、社会计划者效用函数

政府作为社会计划者，目标函数是社会整体福利最大化，可以表现为社会总效用的最大化。假设社会效用函数取决于总消费数量和总环境水平，则可表示为

$$U_t = u(C_t, S_t) \tag{2.1}$$

式中，U_t、C_t 和 S_t 分别表示国内在 t 期的总效用、消费总量和环境质量水平。在 $t>0$ 时，总效用会随着消费总量和环境质量水平的变化而发生动态变化。根据现实情况和研究的需要，效用函数要满足稻田条件：$\lim_{C \to 0} \partial u(C,S) / \partial C = \infty$，$\lim_{S \to 0} \partial u(C,S) / \partial S = \infty$ 和 $\lim_{S \to 0} u(C,S) = -\infty$，表示消费和环境对人们都很重要，缺一不可。假设 $dU_t / dC_t > 0$ 和 $dU_t / dS_t > 0$，即表示社会总效用会随着消费总量和环境质量水平的提高而提高。在初始的条件下环境可以认为处于最优水平，即 $S_0 = \bar{S}$，生产技术没有考虑环境保护问题，技术创新主要是为了提高生产效率，可供消费的产品大量地被生产，极大地提高了人们的生活水平，这样生产过程会大量的消耗资源，而产生污染的排放，不断降低环境质量水平，在没有考虑保护环境的生产方式时，就形成了 $dC_t / dS_t < 0$ 的结果。如果这样，社会总效用不能无限地提高，只能在消费和环境中做平衡，经济发展是不可持续的。但是，如果我们采用不破坏环境的清洁技术生产，能够实现 $dC_t / dS_t > 0$，则消费和环境可以同时增加以不断提高社会总效用，则可以实现经济永续发展的目标。因此，技术创新转向

清洁技术是经济实现可持续发展的关键。

二、生产函数与消费函数

假设经济中可供消费的产品是唯一的最终产品，是由运用清洁技术和肮脏技术生产的具有竞争性的中间产品复合而成的，并将中间产品生产部门分为运用清洁（Clean）技术的生产部门（c 部门）和运用肮脏（Dirty）技术的生产部门（d 部门）。在开放经济条件下，运用两种技术的生产部门包括国内生产部门和国外生产部门，两部门的产品复合可以根据常替代弹性公式进行，表示为

$$\widetilde{Y}_t = \left(\sum_{j=c,d} \widetilde{Y}_{jt}^{\,(\varepsilon-1)/\varepsilon} \right)^{\varepsilon/(\varepsilon-1)} \tag{2.2}$$

式中，$j \in \{c,d\}$，表示中间产品的生产部门可以是清洁技术生产的 c 部门或肮脏技术生产的 d 部门，ε 表示两部门产品的替代弹性，是一个大于 0 的数值。当 $\varepsilon>1$ 时，表示两部门产品为替代关系；当 $\varepsilon<1$ 时，表示两部门产品为互补关系。如果是互补关系，则不可能实现技术创新的完全转轨，所以根据分析的需要，这里仅研究 $\varepsilon>1$ 的情况。$\widetilde{Y}_t$ 表示国内市场上的最终产品市场总量，$\widetilde{Y}_{jt}$ 表示在 t 期第 j 部门中间产品的国内市场投入总量。这里国内最终产量可以由两部门中间产品的投入复合而成，考虑到开放经济的国际贸易因素，国内两部门中间产品产量均要考虑本国产量和进出口产量的影响。

为了简化分析，可以假设同类型的进口产品和本国产品具有完全替代性，即可以把进口数量用本国产量的比重进行折算，则本国市场同类产品总量为

$$\widetilde{Y}_{jt} = (1 - \ell_{jt}) Y_{jt} \tag{2.3}$$

式中，Y_{jt} 表示在 t 期第 j 部门中间产品的本国企业生产量，ℓ_{jt} 表示在 t 期第 j 部门出口量占本国产量的比重。如果本国为净出口国，则 $0<\ell_{jt}<1$，表示出口总量必定不能超过本国的生产总量；如果本国为净进口国，则 $\ell_{jt}<0$，此时有两种情况，即 $0>\ell_{jt}>-1$ 表示进口总量低于本国产值，$\ell_{jt}<-1$ 表示进口总量超过本国产值。如果 $\ell_{jt}=0$ 则表示没有对外贸易，则 $\widetilde{Y}_{jt} = Y_{jt}$，等同于没有开放经济的情况。

假设本国两部门中间产品的生产除了要投入劳动要素外，还要投入各种专门

性技术或专业设备进行生产，各类生产设备和技术要素满足连续性条件，通过道格拉斯函数复合成不同技术类型的生产要素，生产设备是否有排放的属性决定了生产部门的类型，因此，两部门中间产品的生产函数可设定为

$$Y_{jt} = L_{jt}^{1-\alpha} \int_0^1 A_{jit}^{1-\alpha} x_{jit}^{\alpha} di \qquad (2.4)$$

式中，L_{jt} 表示在 t 期 j 部门的劳动投入量，代表了 j 部门的市场规模，为了简化分析，标准化劳动供给量，忽略了开放经济条件下劳动的跨国流动，令国内劳动的总需求不超过本国劳动的总供给，即 $L_{ct}+L_{dt} \leqslant 1$，则这里 L_{jt} 表示两部门劳动投入量的相对值。x_{jit} 表示在 t 期 j 部门 i 类型中间设备的投入数量，在 c 部门表示生产需要在 t 期投入第 i 种清洁技术设备的数量，该设备生产不产生排放，包括污染废弃物、二氧化碳等有害环境物质的排放；在 d 部门表示生产需要在 t 期投入第 i 种肮脏技术设备的数量，该设备生产则会产生排放。α 表示要素 x_{jit} 对 Y_{jt} 的贡献程度，即 Y_{jt} 相对要素 x_{jit} 的产出弹性。A_{jit} 表示在 t 期 j 部门 i 类型中间设备的技术水平，反映了不同时期两种类型技术水平和创新情况，是表示是否会产生排放的关键变量。

在开放经济条件下，当国内市场出清时，家庭部门的消费总量 C_t 等于本国市场最终产品数量及贸易进出口差额之和减去中间投入的各项成本，则可表示为

$$C_t = \tilde{Y}_t - \psi \left(\int_0^1 x_{cit} di + \int_0^1 x_{dit} di \right) - \left(p_{ct} \ell_{ct}^f Y_{ct} + p_{dt} \ell_{dt}^f Y_{dt} \right) \qquad (2.5)$$

式中，p_{jt} 表示在 t 期第 j 部门的市场价格，ψ 表示两部门企业购买专业设备的平均总成本。令 τ_{jt}^h 表示在 t 期 j 部门同类型产品进口时国外企业交给我国海关的关税税率，同样用 τ_{jt}^f 表示在 t 期 j 部门同类型产品出口时本国企业交给国外海关的关税税率，ℓ_{jt}^f 表示净进口国外产品数量与国内同类产品数量的比值，两部门中间产品的净进口关税总额为 $\tau_{jt}^h \ell_{jt}^f p_{jt} Y_{jt}$，如果 $\ell_{jt}^f = 0$，则消费产品中没有国外产品的投入，没有此项关税成本。反之，如果国际贸易属于净出口，则 $\ell_{jt}^f = -\ell_{jt}$，则需要给国外海关上缴出口关税，关税总额则为 $\tau_{jt}^f \ell_{jt} p_{jt} Y_{jt}$。

三、技术创新与环境路径

技术创新具有典型的路径依赖特征，新技术必定是在已有技术的基础上进行创新，两部门生产投入专业设备的技术创新就形成了两条技术进步的轨道。各

类技术水平提高程度均取决于研发成功的概率和新技术对专业设备质量的提高比例，所以，对于中间产品生产部门而言，所用专业设备技术水平的演进路径可以表示为

$$A_{jit}=\eta_j(1+\gamma)A_{jit-1} \qquad (2.6)$$

式中，A_{jit} 表示在 t 期 j 部门的技术水平。η_j 表示 j 部门技术研发的成功概率，且 $0<\eta_j<1$。γ 表示技术研发成功后专业设备质量相对提高的比例。根据式（2.4）两部门生产函数的设定，可将两部门技术水平 A_{jt} 设定为专业设备技术水平的平均值，则表示为

$$A_{jt} \equiv \int_0^1 A_{jit}di \qquad (2.7)$$

技术创新不是自动进行的，需要科研人员和研发资金的长期投入，而且研发也并不是总能成功，存在失败的风险。企业进行新技术研发时均保持比较谨慎的态度，即在探索研发清洁技术时，仍然会对已有的肮脏技术继续研发。所以，科研人员会被随机地分配在两个部门，将科研人员的总供给标准化为 1，科研人员的供需关系可表示为 $s_{ct}+s_{dt} \leqslant 1$，其中，$s_{ct}$ 和 s_{dt} 分别表示科研人员在清洁技术研发部门和肮脏技术研发部门分布的比重，如果科研人员不断从 d 部门转向 c 部门，当 $s_{ct}=1$ 时，则研发投入全部转向清洁技术，肮脏技术停止研发，生产最终会全部转向清洁生产，环境会逐步恢复。因此，两部门平均技术水平的跨期技术进步，科研人员投入 s_{jt} 也是重要的影响因素，可以设定为

$$A_{jt}=(1+\gamma\eta_j s_{jt})A_{jt-1} \qquad (2.8)$$

经济初始状态下，技术创新主要是不考虑环境破坏的肮脏技术，不断的技术进步会逐步破坏环境，要满足这个前提条件，两部门初始技术水平的关系必须满足 Acemoglu 等（2012）分析得到的公式

$$\frac{A_{c0}}{A_{d0}} < \min\left[\left(1+\gamma\eta_c\right)^{\frac{\varphi+1}{\varphi}}\left(\frac{\eta_c}{\eta_d}\right)^{1/\varphi},\left(1+\gamma\eta_d\right)^{\frac{\varphi+1}{\varphi}}\left(\frac{\eta_c}{\eta_d}\right)^{1/\varphi}\right] \qquad (2.9)$$

此时，技术创新只能出现在 d 部门，其中 $\varphi=(1-\alpha)(1-\varepsilon)$。

初始状态时，环境是没有被破坏的最优状态 $\bar{S}$，环境质量的变化不影响效用函数，即 $\partial u(C,\bar{S}) / \partial S = 0$。随着技术进步、生产扩张、污染排放，环境质量会发生动态变化。实际上，环境质量变化主要取决于两个方向的综合影响：一是 d 部

门生产的排放对环境的损害，二是自然生态系统对环境的自我修复。所以，环境质量动态变化路径可以设定为

$$S_{t+1}=(1+\delta)S_t-\xi Y_{dt} \qquad (2.10)$$

式中，S_t 表示 t 期的环境质量，且 $0<S_t<\bar{S}$。δ 表示生态系统的自我修复效率。ξ 表示 d 部门生产对环境质量损耗的影响系数。从式（2.10）可以知道，当肮脏技术生产排放对环境的损害超过了自我修复的程度时，则环境会不断恶化，最终走向灾乱，反之，因为自然界能够自动修复，排放并不会威胁自然环境。因此，政府干预的目标就是将肮脏技术生产排放的速度控制在自我修复速度之内即可。

第三节　市场自由竞争与分散决策均衡分析

在开放经济市场中，国内外市场均满足自由竞争的条件，由价格机制配置全球资源，没有政府或社会计划者对经济的干预，各国企业根据资源禀赋或产业基础进行选择性生产，通过融入全球产业分工和产品贸易实现国内资源的最优配置。

一、基准模型：两部门中间产品均为净出口

如果两部门中间产品都为净出口，说明本国属于技术领先和产业优势的国家，此时，本国市场的最终产品函数中要扣除两部门中间产品的出口部分，所以可将式（2.3）代入式（2.2），则最终产品与中间产品的关系为

$$\widetilde{Y}_t=\left[(1-\ell_{ct})Y_{ct}^{(\varepsilon-1)/\varepsilon}+(1-\ell_{dt})Y_{dt}^{(\varepsilon-1)/\varepsilon}\right]^{\varepsilon/(\varepsilon-1)} \qquad (2.11)$$

在技术水平给定的情况下，假设两部门中间产品均具有垄断竞争性，根据 Dixit 和 Stiglitz（1977）的垄断竞争模型分析，当两部门利润最大化时，两部门产品价格之比相对于产品需求之比的替代弹性等于两产品替代弹性倒数的负值，这里可以表示为

$$\frac{p_{ct}}{p_{dt}}=\left[\frac{(1-\ell_{ct})Y_{ct}}{(1-\ell_{dt})Y_{dt}}\right]^{-1/\varepsilon} \qquad (2.12)$$

前面假设了国内外市场是充分竞争的，为了满足这个条件，可以认为国内外同类产品能无差异地完全替代，也间接表示同类产品在质量和价格上是相同的，

所以中间产品在国内外市场上价格相同。实际上，产品出口时国外市场价格要额外受到关税、汇率和物价等因素的影响，如果满足国内外市场价格相同，一是必须根据购买力平价满足"一价定理"，去掉汇率和物价差异的影响；二是市场自由竞争，出口产品与国外本地生产产品能完全替代，价格不会因关税而提高，否则就失去了竞争力。产品出口时关税成本一部分由企业自己承担，一部分政府通过出口退税等优惠政策予以补偿，资金缺口可以由产品进口时征收国外企业关税来补偿。对于企业而言，关税仅增加了企业的成本，降低了产品外销的利润。因此，为了简化分析，标准化最终产品的市场价格后，两部门中间产品价格满足

$$(p_{ct}^{1-\varepsilon} + p_{dt}^{1-\varepsilon})^{1/(1-\varepsilon)} = 1 \tag{2.13}$$

为了求解两部门中间产品生产企业均衡时的市场价格和产量，可以通过构造利润函数计算。企业利润为总收益减去总成本，总成本包括投入劳动的成本、中间产品成本和出口关税成本，所以，可以将利润函数设定为

$$\pi_{jt} = p_{jt}Y_{jt} - w_t L_{jt} - \int_0^1 p_{jit}x_{jit}di - \tau_{jt}^f p_{jt}\ell_{jt}Y_{jt} \tag{2.14}$$

再将式（2.4）代入式（2.14），整理可以得到两部门中间产品生产企业的目标函数

$$\max\left\{\pi_{jt} = (1-\tau_{jt}^f \ell_{jt})p_{jt}L_{jt}^{1-\alpha}\int_0^1 A_{jit}^{1-\alpha}x_{jit}^\alpha di - w_t L_{jt} - \int_0^1 p_{jit}x_{jit}di\right\} \tag{2.15}$$

两部门中间产品企业实现利润最大化时对专业设备投入需求，可以通过式（2.15）得到，即 $d\pi_{jt}/dx_{jit}=0$，则中间产品企业对专业设备的需求函数为

$$x_{jit} = \left[\frac{\alpha(1-\tau_{jt}^f \ell_{jt})p_{jt}}{p_{jit}}\right]^{\frac{1}{1-\alpha}}A_{jit}L_{jt} \tag{2.16}$$

对于专业设备的提供者而言，专业设备是具有专利保护的产品，可以假设专业设备市场属于完全垄断市场，专业设备制造厂商完全垄断市场，其利润函数为

$$\pi_{jit} = (p_{jit} - \psi)x_{jit} \tag{2.17}$$

式中，ψ 表示专业设备制造的平均成本。当市场出清时，式（2.16）表示专利设备的需求量等于设备制造厂商的供给量，将式（2.16）代入式（2.17），可以得到两种类型专业设备制造厂商的利润函数为

$$\pi_{jit} = (p_{jit} - \psi)\left[\frac{\alpha(1-\tau_{jt}^{f}\ell_{jt})p_{jt}}{p_{jit}}\right]^{\frac{1}{1-\alpha}} A_{jit}L_{jt} \qquad (2.18)$$

专业设备的市场价格可以根据制造厂商利润最大化条件来求解，即运用式（2.18），根据均衡条件 $d\pi_{jit}/dp_{jit}=0$，则可得到 $p_{jit}^{*}=\psi/\alpha$，这个价格即为垄断厂商利润最大化时的专业设备的定价，为了简化计算过程，可假设专业设备生产的平均成本 $\psi=\alpha^2$，则 $p_{jit}^{*}=\alpha$，将专业设备的价格代入式（2.16），即可以得到专业设备市场供需平衡时的均衡产量

$$x_{jit} = [(1-\tau_{jt}^{f}\ell_{jt})p_{jt}]^{1/(1-\alpha)} A_{jit}L_{jt} \qquad (2.19)$$

将式（2.19）代入式（2.18），可以得到专业设备制造厂商的最大利润为

$$\pi_{jit} = \alpha(1-\alpha)[(1-\tau_{jt}^{f}\ell_{jt})p_{jt}]^{1/(1-\alpha)} A_{jit}L_{jt} \qquad (2.20)$$

根据式（2.7），并将式（2.19）代入生产函数式（2.4），可以得到利润最大化时，专业设备投入达到最优水平时两部门企业的生产函数

$$Y_{jt} = [p_{jt}(1-\tau_{jt}^{f}\ell_{jt})]^{\alpha/(1-\alpha)} A_{jt}L_{jt} \qquad (2.21)$$

则两部门中间产品的相对值为

$$\frac{Y_{ct}}{Y_{dt}} = \left(\frac{1-\tau_{ct}^{f}\ell_{jt}}{1-\tau_{dt}^{f}\ell_{jt}}\right)^{\alpha/(1-\alpha)} \left(\frac{p_{ct}}{p_{dt}}\right)^{\alpha/(1-\alpha)} \frac{L_{ct}}{L_{dt}}\frac{A_{ct}}{A_{dt}} \qquad (2.22)$$

两部门中间产品企业利润最大化时对劳动要素的需求，同样可以通过式（2.15）求得，即 $d\pi_{jt}/dL_{jt}=0$，则两部门企业对劳动的需求函数为

$$w_{t} = (1-\alpha)(1-\tau_{jt}^{f}\ell_{jt})p_{jt}L_{jt}^{-\alpha}\int_{0}^{1} A_{jit}^{1-\alpha}x_{jit}^{\alpha}di \qquad (2.23)$$

两部门生产投入的劳动要素被认为是无差异的，即均衡工资相等，所以将式（2.19）代入式（2.23）并整理后可以得到最优劳动投入的条件下，两部门中间产品的均衡价格之比为

$$\frac{p_{ct}}{p_{dt}} = \left(\frac{1-\tau_{ct}^{f}\ell_{ct}}{1-\tau_{dt}^{f}\ell_{dt}}\right)^{-1} \left(\frac{A_{ct}}{A_{dt}}\right)^{-(1-\alpha)} \qquad (2.24)$$

同时将式（2.12）和式（2.24）代入式（2.22），可以得到两部门劳动的最优投入比

$$\frac{L_{ct}}{L_{dt}} = \left(\frac{1-\ell_{dt}}{1-\ell_{ct}}\right)\left(\frac{1-\tau_{ct}^f \ell_{ct}}{1-\tau_{dt}^f \ell_{dt}}\right)^{\varepsilon}\left(\frac{A_{ct}}{A_{dt}}\right)^{-\varphi} \tag{2.25}$$

最后，通过式（2.13）和式（2.24），可以求得均衡价格为

$$p_{ct} = \frac{(1-\tau_{dt}^f \ell_{dt})A_{dt}^{(1-\alpha)}}{[(1-\tau_{ct}^f \ell_{ct})^{1-\varepsilon}A_{ct}^{\varphi} + (1-\tau_{dt}^f \ell_{dt})^{1-\varepsilon}A_{dt}^{\varphi}]^{1/(1-\varepsilon)}}$$

$$p_{dt} = \frac{(1-\tau_{ct}^f \ell_{ct})A_{ct}^{(1-\alpha)}}{[(1-\tau_{ct}^f \ell_{ct})^{1-\varepsilon}A_{ct}^{\varphi} + (1-\tau_{dt}^f \ell_{dt})^{1-\varepsilon}A_{dt}^{\varphi}]^{1/(1-\varepsilon)}} \tag{2.26}$$

再根据式（2.25）及劳动市场上的 $L_{ct}+L_{dt} \leqslant 1$ 条件求得两部门最优劳动投入，结合式（2.26）代入生产函数即可得到两部门的均衡产出

$$Y_{dt} = \frac{(1-\tau_{dt}^f \ell_{dt})^{(1-\varphi)/(1-\alpha)}(1-\tau_{ct}^f \ell_{ct})^{\alpha/(1-\alpha)}(1-\ell_{ct})A_{dt}A_{ct}^{\alpha+\varphi}}{\left[(1-\tau_{dt}^f \ell_{dt})^{(1-\varepsilon)}A_{dt}^{\varphi} + (1-\tau_{ct}^f \ell_{ct})^{(1-\varepsilon)}A_{ct}^{\varphi}\right]^{\alpha/\varphi}\left[(1-\ell_{dt})(1-\tau_{ct}^f \ell_{ct})^{\varepsilon}A_{dt}^{\varphi} + (1-\ell_{ct})(1-\tau_{dt}^f \ell_{dt})^{\varepsilon}A_{ct}^{\varphi}\right]}$$

$$Y_{ct} = \frac{(1-\tau_{ct}^f \ell_{ct})^{(1-\varphi)/(1-\alpha)}(1-\tau_{dt}^f \ell_{dt})^{\alpha/(1-\alpha)}(1-\ell_{dt})A_{ct}A_{dt}^{\alpha+\varphi}}{\left[(1-\tau_{dt}^f \ell_{dt})^{(1-\varepsilon)}A_{dt}^{\varphi} + (1-\tau_{ct}^f \ell_{ct})^{(1-\varepsilon)}A_{ct}^{\varphi}\right]^{\alpha/\varphi}\left[(1-\ell_{dt})(1-\tau_{ct}^f \ell_{ct})^{\varepsilon}A_{dt}^{\varphi} + (1-\ell_{ct})(1-\tau_{dt}^f \ell_{dt})^{\varepsilon}A_{ct}^{\varphi}\right]} \tag{2.27}$$

根据模型框架的设定，技术创新主要体现为专业设备技术水平的提高，在 t 时期 j 类技术的第 i 类专业设备制造企业在均衡时获得的最大利润可由式（2.20）确定，从公式可知，技术创新是决定企业利润的重要因素，这里将两部门所有的专业设备利润加总，以研究两种类型的总体技术创新对企业利润的影响，进而分析企业技术创新方向的选择问题。因为在 t 时期 j 类技术的第 i 类专业设备制造假设是连续的，对两部门专业设备总量进行了标准化，所以利润函数为

$$\Pi_{jt} = \int_0^1 \pi_{jit}di \tag{2.28}$$

式中，Π_{jt} 表示企业在 t 时期 j 类技术的各种设备制造所获得的利润之和。将式（2.20）和式（2.6）代入式（2.28），即可得到两部门专业设备制造企业的最大利润

$$\Pi_{jt} = \alpha(1-\alpha)[(1-\tau_{jt}^f \ell_{jt})p_{jt}]^{1/(1-\alpha)}\eta_j(1+\gamma)A_{jt-1}L_{jt} \tag{2.29}$$

为了比较两种类型技术研发获得的收益差异，可将式（2.29）中两部门技术设备生产的期望利润相除，即 c 部门企业选择清洁技术设备制造的最大利润与 d 部门选择肮脏技术设备制造的最大利润相除，可以得到企业选择清洁技术相对于肮脏技术的相对收益值

$$\frac{\Pi_{ct}}{\Pi_{dt}} = \frac{\eta_c}{\eta_d} \times \underbrace{\left(\frac{1-\tau_{ct}^f \ell_{ct}}{1-\tau_{dt}^f \ell_{dt}}\right)^{1/(1-\alpha)}}_{\text{国际贸易效应}} \times \underbrace{\left(\frac{p_{ct}}{p_{dt}}\right)^{1/(1-\alpha)}}_{\text{价格效应}} \times \underbrace{\left(\frac{L_{ct}}{L_{dt}}\right)}_{\text{市场规模效应}} \times \underbrace{\left(\frac{A_{ct-1}}{A_{dt-1}}\right)}_{\text{技术累积效应}} \tag{2.30}$$

企业根据利润最大化来选择专业设备的技术类型，只有当 $\Pi_{ct}/\Pi_{dt}>1$ 时企业选择清洁技术设备制造比选择肮脏技术设备制造获得的利润更多，才会选择清洁技术设备制造，企业就会让科研人员去研究清洁技术，这样中间产品生产就会集中于没有排放的 c 部门。式（2.30）中，影响相对利润的影响因素有四个，分别为技术累积效应（A_{ct-1}/A_{dt-1}）、市场规模效应（L_{ct}/L_{dt}）、价格效应（p_{ct}/p_{dt}）和国际贸易效应（$(1-\tau_{ct}^f \ell_{ct})/(1-\tau_{dt}^f \ell_{dt})$），对于两部门净出口均为正的情况，国际贸易效应主要取决于出口关税税率和出口份额。实际上，这四个效应会相互作用并不是独立的，根据均衡状态时的式（2.24）和式（2.25），可以得出市场规模效应和价格效应与技术累积效应和国际贸易效应的关系，另外，将反映科研人员促进技术创新的式（2.8）代入式（2.30），即可消除四种效应的相互作用关系，得到两类技术选择的最大利润相对值与实际决定要素之间的关系

$$\frac{\Pi_{ct}}{\Pi_{dt}} = \frac{\eta_c}{\eta_d} \left(\frac{1-\ell_{ct}}{1-\ell_{dt}}\right)^{-1} \left(\frac{1-\tau_{ct}^f \ell_{ct}}{1-\tau_{dt}^f \ell_{dt}}\right)^{\varepsilon} \left(\frac{1+\gamma\eta_c s_{ct}}{1+\gamma\eta_d s_{dt}}\right)^{-(\varphi+1)} \left(\frac{A_{ct-1}}{A_{dt-1}}\right)^{-\varphi} \tag{2.31}$$

式中，专业设备企业选择技术类型的权重可以用科研人员在两种技术的研发分配来表示，式中两种类型专业技术设备制造都达到了利润最大化，所以，此时 $s_{ct}+s_{dt}=1$，即所有科研人员全部分配到了这两种技术的研发部门，这就可以运用科研人员的部门分配讨论研发方向问题。

当 $\varphi+1>0$ 时，Π_{ct}/Π_{dt} 是关于 s_{ct} 的减函数，则存在两个均衡角点解。一是当 $s_{ct}=0$ 和 $s_{dt}=1$ 时，该式达到最大值，且 $\Pi_{ct}/\Pi_{dt}<1$，此时，科研人员全部被分配在 d 类技术研发部门。而当 $s_{ct}>0$ 时，该式的值会变得更小，即企业选择将科研人员放在 d 类技术研发部门获得的利润始终比放在 c 部门高一些，这样就不是均衡的状态，科研人员会不断地从 c 类技术研发部门转向 d 类技术研发部门，直至全部转移至 $s_{ct}=0$。二是当 $s_{ct}=1$ 和 $s_{dt}=0$ 时，该式达到最小值，此时，如果 $\Pi_{ct}/\Pi_{dt}>1$，那么科研人员全部被分配在 c 类技术研发部门。而当 $s_{ct}<1$ 时，该式的值会更大，企业选择将科研人员放在 d 类技术研发部门获得的利润始终比放在 c 部门低一些，科研人员会不断地从 c 类技术研发部门转向 d 类技术研发部门，直至全部转移至 $s_{ct}=1$。

当 $\varphi+1<0$ 时，Π_{ct}/Π_{dt} 是关于 s_{ct} 的增函数，和上述情况刚好相反，但同

样存在两个均衡角点解。一是当$s_{ct}=1$和$s_{dt}=0$时，该式达到最大值，此时，$\Pi_{ct}/\Pi_{dt}<1$，科研人员全部被分配在c类技术研发部门显然不是均衡解，如果是这种情况，企业选择将科研人员不断从c类技术研发部门转移至d类技术研发部门，以获得更大的利润，最终全部转移直至0，所以均衡解为角点解，即$s_{ct}=0$和$s_{dt}=1$，科研人员全部被集中在d类技术研发部门。二是当$s_{ct}=0$和$s_{dt}=1$时，该式达到最小值，此时，如果$\Pi_{ct}/\Pi_{dt}>1$，那么科研人员应全部被分配在c类技术研发部门，同样因为当科研人员全部在d类技术研发部门时，c类技术研发利润都比之高，更应该增加科研人员进行c类技术研发，所以科研人员不断转移至清洁技术研发部门，最终均衡解为另一角点解，即$s_{ct}=1$和$s_{dt}=0$，科研人员全部被集中在c类技术研发部门。

另外，在$\varphi+1<0$或$\varphi+1>0$情况下，如果$\Pi_{ct}/\Pi_{dt}=1$，表示两部门中间产品生产企业利润相同，科研人员在两技术研发部门的初始配置不发生改变，此时均衡解为内点解，即s_{ct}和s_{dt}不变，且$s_{ct}+s_{dt}=1$。

根据上述分析，科研人员两部门技术研发部门分配的均衡解相同，所以，综合起来可以得到式（2.31）的两个角点解。

（1）如果$s_{ct}=1$时，$\Pi_{ct}/\Pi_{dt}>1$成立，则角点解为$s_{ct}=1$和$s_{dt}=0$，科研人员全部在清洁技术研发部门，此时式（2.31）满足

$$\left(\frac{1-\ell_{ct}}{1-\ell_{dt}}\right)\left(\frac{1-\tau_{ct}^{f}\ell_{ct}}{1-\tau_{dt}^{f}\ell_{dt}}\right)^{-\varepsilon}<\frac{\eta_c}{\eta_d}\left(\frac{1}{1+\gamma\eta_c}\right)^{\varphi+1}\left(\frac{A_{ct-1}}{A_{dt-1}}\right)^{-\varphi} \qquad (2.32)$$

（2）如果$s_{ct}=0$时，$\Pi_{ct}/\Pi_{dt}<1$成立，则角点解为$s_{ct}=0$和$s_{dt}=1$，科研人员全部在肮脏技术研发部门，此时式（2.31）满足

$$\left(\frac{1-\ell_{ct}}{1-\ell_{dt}}\right)\left(\frac{1-\tau_{ct}^{f}\ell_{ct}}{1-\tau_{dt}^{f}\ell_{dt}}\right)^{-\varepsilon}>\frac{\eta_c}{\eta_d}\left(\frac{1}{1+\gamma\eta_d}\right)^{-\varphi-1}\left(\frac{A_{ct-1}}{A_{dt-1}}\right)^{-\varphi} \qquad (2.33)$$

（3）如果$\Pi_{ct}/\Pi_{dt}=1$，则当期的科研人员配置情况即为均衡时的内点解，此时式（2.31）等价于1即是满足条件。

二、模型讨论：两部门中间产品并非均为净出口

（一）第1种类型：Y_{ct}和Y_{dt}均为净进口

当两部门中间产品均为净进口时，即$Y_{ct}<\tilde{Y}_{ct}$和$Y_{dt}<\tilde{Y}_{dt}$成立，说明本国属于

技术和产业均处于劣势的国家，此时，本国市场的最终产品函数中要增加两部门中间产品的进口部分，所以，可以根据进口变量 $\ell_{jt}^{f}=-\ell_{jt}$ 进行替换，最终产品与中间产品的关系将调整为

$$\tilde{Y}_{t}=\left[(1+\ell_{ct}^{f})Y_{ct}^{(\varepsilon-1)/\varepsilon}+(1+\ell_{dt}^{f})Y_{dt}^{(\varepsilon-1)/\varepsilon}\right]^{\varepsilon/(\varepsilon-1)} \tag{2.34}$$

根据式（2.12），相应地将垄断竞争市场的两部门中间产品价格之比变化为

$$\frac{p_{ct}}{p_{dt}}=\left[\frac{(1+\ell_{ct}^{f})Y_{ct}}{(1+\ell_{dt}^{f})Y_{dt}}\right]^{-1/\varepsilon} \tag{2.35}$$

对于两部门中间产品企业而言，不存在出口，所有的生产都在本国消费，意味着不存在关税成本，即 $\tau_{ct}^{f}=\tau_{dt}^{f}=0$，所以，企业利润函数变化为

$$\pi_{jt}=p_{jt}Y_{jt}-w_{t}L_{jt}-\int_{0}^{1}p_{jit}x_{jit}di \tag{2.36}$$

再将式（2.4）代入式（2.36），整理可以得到两部门中间产品生产企业的目标函数

$$\max\left\{\pi_{jt}=p_{jt}L_{jt}^{1-\alpha}\int_{0}^{1}A_{jit}^{1-\alpha}x_{jit}^{\alpha}di-w_{t}L_{jt}-\int_{0}^{1}p_{jit}x_{jit}di\right\} \tag{2.37}$$

两部门中间产品企业实现利润最大化时对专业设备投入需求，可以运用式（2.37）计算，根据利润最大化的求解公式 $d\pi_{jt}/dx_{jit}=0$，可得到中间产品企业对专业设备的需求函数为

$$x_{jit}=\left(\frac{\alpha p_{jt}}{p_{jit}}\right)^{\frac{1}{1-\alpha}}A_{jit}L_{jt} \tag{2.38}$$

对于专业设备的提供者而言，专业设备制造厂商利润最大化时，用同样的计算方式，可以得到 $p_{jit}^{*}=\alpha$，代入式（2.38）即可得到专业设备市场供需平衡时的均衡产量

$$x_{jit}=p_{jt}^{1/(1-\alpha)}A_{jit}L_{jt} \tag{2.39}$$

则可以得到专业设备制造厂商的最大利润为

$$\pi_{jit}=\alpha(1-\alpha)p_{jt}^{1/(1-\alpha)}A_{jit}L_{jt} \tag{2.40}$$

专业设备投入达最优水平时，两部门企业可以达到利润最大化，将式（2.39）代入式（2.4），企业生产函数变化为

$$Y_{jt}=p_{jt}^{\alpha/(1-\alpha)}A_{jt}L_{jt} \tag{2.41}$$

根据式（2.41），将两部门中间产品的最优产值相除，则可得到清洁技术部门相对于肮脏技术部门的产值

$$\frac{Y_{ct}}{Y_{dt}} = \left(\frac{p_{ct}}{p_{dt}}\right)^{\alpha/(1-\alpha)} \frac{L_{ct}}{L_{dt}} \frac{A_{ct}}{A_{dt}} \qquad (2.42)$$

两部门中间产品企业利润最大化时对劳动要素的需求，同样可以通过式（2.37）求得，即 $d\pi_{jt}/dL_{jt}=0$，则两部门企业对劳动的需求函数为 $w_t = (1-\alpha)p_{jt} L_{jt}^{-\alpha} \int_0^1 A_{jit}^{1-\alpha} x_{jit}^{\alpha} di$，则两部门中间产品的均衡价格之比为

$$\frac{p_{ct}}{p_{dt}} = \left(\frac{A_{ct}}{A_{dt}}\right)^{-(1-\alpha)} \qquad (2.43)$$

将式（2.32）和式（2.43）代入式（2.42），即可得到均衡状态时，两部门劳动的最优投入之比为

$$\frac{L_{ct}}{L_{dt}} = \left(\frac{1+\ell_{ct}^f}{1+\ell_{dt}^f}\right)^{-1} \left(\frac{A_{ct}}{A_{dt}}\right)^{-\varphi} \qquad (2.44)$$

最后，通过式（2.13）和式（2.43），可以求得两部门中间产品的均衡价格为

$$p_{ct} = \frac{A_{dt}^{(1-\alpha)}}{[A_{ct}^{\varphi} + A_{dt}^{\varphi}]^{1/(1-\varepsilon)}}$$

$$p_{dt} = \frac{A_{ct}^{(1-\alpha)}}{[A_{ct}^{\varphi} + A_{dt}^{\varphi}]^{1/(1-\varepsilon)}} \qquad (2.45)$$

再根据式（2.44）及劳动市场上的 $L_{ct}+L_{dt} \leq 1$ 条件求得两部门最优劳动投入，结合式（2.44）代入生产函数即得到两部门的均衡产出

$$Y_{dt} = \frac{(1+\ell_{ct}^f)A_{dt}A_{ct}^{\alpha+\varphi}}{\left[A_{dt}^{\varphi} + A_{ct}^{\varphi}\right]^{\alpha/\varphi}\left[(1+\ell_{dt}^f)A_{dt}^{\varphi} + (1+\ell_{ct}^f)A_{ct}^{\varphi}\right]}$$

$$Y_{ct} = \frac{(1+\ell_{dt}^f)A_{ct}A_{dt}^{\alpha+\varphi}}{\left[A_{dt}^{\varphi} + A_{ct}^{\varphi}\right]^{\alpha/\varphi}\left[(1+\ell_{dt}^f)A_{dt}^{\varphi} + (1+\ell_{ct}^f)A_{ct}^{\varphi}\right]} \qquad (2.46)$$

同样，将式（2.40）和式（2.6）代入式（2.28），即可以得到两部门专业设备制造企业的最大利润

$$\Pi_{jt} = \alpha(1-\alpha)p_{jt}^{1/(1-\alpha)}\eta_j(1+\gamma)A_{jt-1}L_{jt} \qquad (2.47)$$

将式（2.47）中两部门技术设备生产的期望利润相除，可以得到企业选择清洁技术相对于肮脏技术的收益值

$$\frac{\Pi_{ct}}{\Pi_{dt}} = \frac{\eta_c}{\eta_d} \times \left(\frac{p_{ct}}{p_{dt}}\right)^{1/(1-\alpha)} \times \left(\frac{L_{ct}}{L_{dt}}\right) \times \left(\frac{A_{ct-1}}{A_{dt-1}}\right) \tag{2.48}$$

式（2.48）说明，两部门中间产品均为进口时，两部门企业相对利润的影响因素有三个，分别为技术累积效应（A_{ct-1}/A_{dt-1}）、市场规模效应（L_{ct}/L_{dt}）、价格效应（p_{ct}/p_{dt}）。实际上，根据均衡状态时的式（2.43）和式（2.44），说明市场规模效应和价格效应均受技术累积效应的影响，而进口效应则通过市场规模效应影响利润，却不影响价格效应。同样，将反映科研人员促进技术创新的式（2.8）代入式（2.48），即可消除四种效应的相互作用关系，得到两类技术选择的最大利润相对值与实际决定要素之间的关系

$$\frac{\Pi_{ct}}{\Pi_{dt}} = \frac{\eta_c}{\eta_d} \left(\frac{1+\ell_{ct}{}^f}{1+\ell_{dt}{}^f}\right)^{-1} \left(\frac{1+\gamma\eta_c s_{ct}}{1+\gamma\eta_d s_{dt}}\right)^{-\varphi-1} \left(\frac{A_{ct-1}}{A_{dt-1}}\right)^{-\varphi} \tag{2.49}$$

同样，根据均衡时两部门中间产品生产企业的利润之比的式（2.49）的分析，可以得到科研人员两部门技术研发部门分配的角点解。

（1）如果 $s_{ct}=1$ 时，$\Pi_{ct}/\Pi_{dt}>1$ 成立，则角点解为 $s_{ct}=1$ 和 $s_{dt}=0$，科研人员全部在清洁技术研发部门，此时式（2.49）满足

$$\left(\frac{1+\ell_{ct}{}^f}{1+\ell_{dt}{}^f}\right) < \frac{\eta_c}{\eta_d}\left(\frac{1}{1+\gamma\eta_c}\right)^{\varphi+1}\left(\frac{A_{ct-1}}{A_{dt-1}}\right)^{-\varphi} \tag{2.50}$$

（2）如果 $s_{ct}=0$ 时，$\Pi_{ct}/\Pi_{dt}<1$ 成立，则角点解为 $s_{ct}=0$ 和 $s_{dt}=1$，科研人员全部在肮脏技术研发部门，此时式（2.49）满足

$$\left(\frac{1+\ell_{ct}{}^f}{1+\ell_{dt}{}^f}\right) > \frac{\eta_c}{\eta_d}\left(\frac{1}{1+\gamma\eta_d}\right)^{-\varphi-1}\left(\frac{A_{ct-1}}{A_{dt-1}}\right)^{-\varphi} \tag{2.51}$$

（3）如果 $\Pi_{ct}/\Pi_{dt}=1$，则当期的科研人员配置情况即为均衡时的内点解，此时式（2.49）等价于 1 即是满足条件。

（二）第 2 种类型：Y_{ct} 为净出口且 Y_{dt} 为净进口

当清洁技术生产的中间商品净出口，而肮脏技术生产的中间产品净进口时，即可表示为 $Y_{ct} > \tilde{Y}_{ct}$ 和 $Y_{dt} < \tilde{Y}_{dt}$。说明本国清洁技术比较领先，国内环境保护程度

高和环境质量高，进口肮脏技术产品，污染排放和环境破坏发生在国外部门。于本国而言，这是相对较好的次优选择，因为最优选择是国内外用清洁技术完全替代肮脏技术来生产中间产品。此时，本国市场的最终产品函数中两部门中间产品数量要根据进出口份额调整，所以，对肮脏技术部门的进口变量 $\ell_{dt}^f = -\ell_{dt}$ 进行替换，最终产品与中间产品的关系将式（2.11）调整为

$$\widetilde{Y}_t = \left[(1-\ell_{ct})Y_{ct}^{(\varepsilon-1)/\varepsilon} + (1+\ell_{dt}^f)Y_{dt}^{(\varepsilon-1)/\varepsilon} \right]^{\varepsilon/(\varepsilon-1)} \tag{2.52}$$

根据式（2.12），相应地将垄断竞争市场的两部门中间产品价格之比变化为

$$\frac{p_{ct}}{p_{dt}} = \left[\frac{(1-\ell_{ct})Y_{ct}}{(1+\ell_{dt}^f)Y_{dt}} \right]^{-1/\varepsilon} \tag{2.53}$$

对于两部门中间产品企业而言，不存在出口，所有的生产都在本国消费，意味着不存在关税成本，即 $\tau_{dt}^f=0$，所以，根据式（2.14），企业利润函数变化为

$$\pi_{dt} = p_{dt}Y_{dt} - w_t L_{dt} - \int_0^1 p_{dit}x_{dit}di$$

$$\pi_{ct} = p_{ct}Y_{ct} - w_t L_{ct} - \int_0^1 p_{cit}x_{cit}di - \tau_{ct}^f p_{ct}\ell_{ct}Y_{ct} \tag{2.54}$$

根据同样的计算方式，可以得到均衡时，两部门中间产品生产的相对产值为

$$\frac{Y_{ct}}{Y_{dt}} = \left(\frac{1}{1-\tau_{dt}^f \ell_{jt}} \right)^{\alpha/(1-\alpha)} \left(\frac{p_{ct}}{p_{dt}} \right)^{\alpha/(1-\alpha)} \frac{L_{ct}}{L_{dt}} \frac{A_{ct}}{A_{dt}} \tag{2.55}$$

两部门中间产品的均衡价格之比为

$$\frac{p_{ct}}{p_{dt}} = \left(\frac{1}{1-\tau_{ct}^f \ell_{ct}} \right) \left(\frac{A_{ct}}{A_{dt}} \right)^{-(1-\alpha)} \tag{2.56}$$

两部门劳动的最优投入之比为

$$\frac{L_{ct}}{L_{dt}} = \left(1-\tau_{ct}^f \ell_{ct}\right)^\varepsilon \left(\frac{1-\ell_{ct}}{1+\ell_{dt}^f} \right)^{-1} \left(\frac{A_{ct}}{A_{dt}} \right)^{-\varphi} \tag{2.57}$$

最后，可以求得两部门中间产品的均衡价格为

$$p_{ct} = \frac{A_{dt}^{(1-\alpha)}}{[(1-\tau_{ct}^f \ell_{ct})^{1-\varepsilon} A_{ct}^\varphi + A_{dt}^\varphi]^{1/(1-\varepsilon)}}$$

$$p_{dt} = \frac{(1-\tau_{ct}^f \ell_{ct})A_{ct}^{(1-\alpha)}}{[(1-\tau_{ct}^f \ell_{ct})^{1-\varepsilon} A_{ct}^\varphi + A_{dt}^\varphi]^{1/(1-\varepsilon)}} \tag{2.58}$$

得到两部门的均衡产出为

$$Y_{dt} = \frac{(1-\tau_{ct}^f \ell_{ct})^{\alpha/(1-\alpha)} (1-\ell_{ct}) A_{dt} A_{ct}^{\alpha+\varphi}}{\left[A_{dt}^{\varphi} + (1-\tau_{ct}^f \ell_{ct})^{(1-\varepsilon)} A_{ct}^{\varphi} \right]^{\alpha/\varphi} \left[(1+\ell_{dt}^f)(1-\tau_{ct}^f \ell_{ct})^{\varepsilon} A_{dt}^{\varphi} + (1-\ell_{ct}) A_{ct}^{\varphi} \right]}$$

$$Y_{ct} = \frac{(1-\tau_{ct}^f \ell_{ct})^{(1-\varphi)/(1-\alpha)} (1+\ell_{dt}^f) A_{ct} A_{dt}^{\alpha+\varphi}}{\left[A_{dt}^{\varphi} + (1-\tau_{ct}^f \ell_{ct})^{(1-\varepsilon)} A_{ct}^{\varphi} \right]^{\alpha/\varphi} \left[(1+\ell_{dt}^f)(1-\tau_{ct}^f \ell_{ct})^{\varepsilon} A_{dt}^{\varphi} + (1-\ell_{ct}) A_{ct}^{\varphi} \right]}$$

$$(2.59)$$

可以得到企业选择清洁技术相对于肮脏技术的收益值为

$$\frac{\Pi_{ct}}{\Pi_{dt}} = \frac{\eta_c}{\eta_d} \times \left(1-\tau_{ct}^f \ell_{ct} \right)^{1/(1-\alpha)} \times \left(\frac{p_{ct}}{p_{dt}} \right)^{1/(1-\alpha)} \times \left(\frac{L_{ct}}{L_{dt}} \right) \times \left(\frac{A_{ct-1}}{A_{dt-1}} \right) \qquad (2.60)$$

式（2.60）说明，两部门中间产品均为进口时，两部门企业相对利润的影响因素有四个，分别为技术累积效应（A_{ct-1}/A_{dt-1}）、市场规模效应（L_{ct}/L_{dt}）、价格效应（p_{ct}/p_{dt}）和国际贸易效应（$1-\tau_{ct}^f \ell_{ct}$）。实际上，均衡状态时的式（2.56）和式（2.57）说明，市场规模效应和价格效应均受技术累积效应的影响，清洁技术中间产品的出口影响价格效应，而两部门中间产品进出口均影响市场规模效应。同样，将反映科研人员促进技术创新的式（2.8）代入式（2.60），即可消除四种效应的相互作用关系，得到两类技术选择的最大利润相对值与实际决定要素之间的关系为

$$\frac{\Pi_{ct}}{\Pi_{dt}} = \frac{\left(1-\tau_{ct}^f \ell_{ct} \right)^{\varepsilon}/(1-\ell_{ct})}{1/(1+\ell_{dt}^f)} \left(\frac{\eta_c}{\eta_d} \right) \left(\frac{1+\gamma\eta_c s_{ct}}{1+\gamma\eta_d s_{dt}} \right)^{-\varphi-1} \left(\frac{A_{ct-1}}{A_{dt-1}} \right)^{-\varphi} \qquad (2.61)$$

同样，根据均衡时两部门中间产品生产企业的利润之比的式（2.61）分析，可以得到科研人员两部门技术研发部门分配的两个角点解。

（1）如果 $s_{ct}=1$ 时，$\Pi_{ct}/\Pi_{dt}>1$ 成立，则角点解为 $s_{ct}=1$ 和 $s_{dt}=0$，科研人员全部在清洁技术研发部门，此时式（2.61）满足

$$\frac{(1-\ell_{ct})/(1-\tau_{ct}^f \ell_{ct})^{\varepsilon}}{1+\ell_{dt}^f} < \frac{\eta_c}{\eta_d} \left(\frac{1}{1+\gamma\eta_c} \right)^{\varphi+1} \left(\frac{A_{ct-1}}{A_{dt-1}} \right)^{-\varphi} \qquad (2.62)$$

（2）如果 $s_{ct}=0$ 时，$\Pi_{ct}/\Pi_{dt}<1$ 成立，则角点解为 $s_{ct}=0$ 和 $s_{dt}=1$，科研人员全部在肮脏技术研发部门，此时式（2.49）满足

$$\frac{(1-\ell_{ct})/(1-\tau_{ct}^f \ell_{ct})^{\varepsilon}}{1+\ell_{dt}^f} > \frac{\eta_c}{\eta_d} \left(\frac{1}{1+\gamma\eta_d} \right)^{-\varphi-1} \left(\frac{A_{ct-1}}{A_{dt-1}} \right)^{-\varphi} \qquad (2.63)$$

（3）如果 $\prod_{ct}/\prod_{dt}=1$，则当期的科研人员配置情况即为均衡时的内点解，此时式（2.61）等价于 1 即是满足条件。

（三）第 3 种类型：Y_{ct} 为净进口且 Y_{dt} 为净出口

当清洁技术生产的中间商品是净进口，而肮脏技术生产的中间产品是净出口时，即可表示为 $Y_{ct} < \widetilde{Y}_{ct}$ 和 $Y_{dt} > \widetilde{Y}_{dt}$。这说明国内清洁技术水平比较落后，环境保护程度不高，但是出口肮脏技术产品，消耗了大量的国内自然资源，污染排放严重破坏了本国的环境。这种类型国家环境压力较大，技术转轨比较迫切。此时，本国市场的最终产品函数中两部门中间产品数量要根据进出口份额调整，所以，对肮脏技术部门的进口变量 $\ell_{ct} = -\ell_{ct}^f$ 进行替换，最终产品与中间产品的关系将式（2.11）调整为

$$\widetilde{Y}_t = \left[(1+\ell_{ct}^f)Y_{ct}^{(\varepsilon-1)/\varepsilon} + (1-\ell_{dt})Y_{dt}^{(\varepsilon-1)/\varepsilon} \right]^{\varepsilon/(\varepsilon-1)} \tag{2.64}$$

根据式（2.12），相应地将垄断竞争市场的两部门中间产品价格之比变化为

$$\frac{p_{ct}}{p_{dt}} = \left[\frac{(1+\ell_{ct}^f)Y_{ct}}{(1-\ell_{dt})Y_{dt}} \right]^{-1/\varepsilon} \tag{2.65}$$

对于两部门中间产品企业而言，不存在出口，所有的生产都在本国消费，意味着不存在关税成本，即 $\tau_{ct}^f=0$，所以，根据式（2.14），企业利润函数变化为

$$\pi_{dt} = p_{dt}Y_{dt} - w_t L_{dt} - \int_0^1 p_{dit}x_{dit}di - \tau_{dt}^f p_{dt}\ell_{dt}Y_{dt}$$

$$\pi_{ct} = p_{ct}Y_{ct} - w_t L_{ct} - \int_0^1 p_{cit}x_{cit}di \tag{2.66}$$

根据同样的计算方式，可以得到均衡时，两部门中间产品生产的相对产值为

$$\frac{Y_{ct}}{Y_{dt}} = \left(1-\tau_{dt}^f\ell_{dt}\right)^{\alpha/(1-\alpha)} \left(\frac{p_{ct}}{p_{dt}}\right)^{\alpha/(1-\alpha)} \frac{L_{ct}}{L_{dt}}\frac{A_{ct}}{A_{dt}} \tag{2.67}$$

两部门中间产品的均衡价格之比为

$$\frac{p_{ct}}{p_{dt}} = \left(1-\tau_{dt}^f\ell_{dt}\right)\left(\frac{A_{ct}}{A_{dt}}\right)^{-(1-\alpha)} \tag{2.68}$$

两部门劳动的最优投入之比为

$$\frac{L_{ct}}{L_{dt}} = \left(\frac{1}{1-\tau_{dt}^f\ell_{dt}}\right)^{\varepsilon} \left(\frac{1+\ell_{ct}^f}{1-\ell_{dt}}\right)^{-1} \left(\frac{A_{ct}}{A_{dt}}\right)^{-\varphi} \tag{2.69}$$

最后，可以求得两部门中间产品的均衡价格为

$$p_{ct} = \frac{(1-\tau_{dt}^f \ell_{dt}) A_{dt}^{(1-\alpha)}}{[A_{ct}^{\varphi} + (1-\tau_{dt}^f \ell_{dt})^{1-\varepsilon} A_{dt}^{\varphi}]^{1/(1-\varepsilon)}}$$

$$p_{dt} = \frac{A_{ct}^{(1-\alpha)}}{[A_{ct}^{\varphi} + (1-\tau_{dt}^f \ell_{dt})^{1-\varepsilon} A_{dt}^{\varphi}]^{1/(1-\varepsilon)}}$$

（2.70）

得到两部门的均衡产出为

$$Y_{dt} = \frac{(1-\tau_{dt}^f \ell_{dt})^{(1-\varphi)/(1-\alpha)} (1+\ell_{ct}^f) A_{dt} A_{ct}^{\alpha+\varphi}}{\left[(1-\tau_{dt}^f \ell_{dt})^{(1-\varepsilon)} A_{dt}^{\varphi} + A_{ct}^{\varphi}\right]^{\alpha/\varphi} \left[(1-\ell_{dt}) A_{dt}^{\varphi} + (1+\ell_{ct}^f)(1-\tau_{dt}^f \ell_{dt})^{\varepsilon} A_{ct}^{\varphi}\right]}$$

$$Y_{ct} = \frac{(1-\tau_{dt}^f \ell_{dt})^{\alpha/(1-\alpha)} (1-\ell_{dt}) A_{ct} A_{dt}^{\alpha+\varphi}}{\left[(1-\tau_{dt}^f \ell_{dt})^{(1-\varepsilon)} A_{dt}^{\varphi} + A_{ct}^{\varphi}\right]^{\alpha/\varphi} \left[(1-\ell_{dt}) A_{dt}^{\varphi} + (1+\ell_{ct}^f)(1-\tau_{dt}^f \ell_{dt})^{\varepsilon} A_{ct}^{\varphi}\right]}$$

（2.71）

可以得到企业选择清洁技术相对于肮脏技术的收益值为

$$\frac{\Pi_{ct}}{\Pi_{dt}} = \frac{\eta_c}{\eta_d} \times \left(\frac{1}{1-\tau_{dt}^f \ell_{dt}}\right)^{1/(1-\alpha)} \times \left(\frac{p_{ct}}{p_{dt}}\right)^{1/(1-\alpha)} \times \left(\frac{L_{ct}}{L_{dt}}\right) \times \left(\frac{A_{ct-1}}{A_{dt-1}}\right)$$

（2.72）

式（2.72）说明，两部门中间产品均为进口时，两部门企业相对利润的影响因素有四个，分别为技术累积效应（A_{ct-1}/A_{dt-1}）、市场规模效应（L_{ct}/L_{dt}）、价格效应（p_{ct}/p_{dt}）和国际贸易效应（$1-\tau_{ct}^f \ell_{ct}$）。实际上，均衡状态时的式（2.68）和式（2.69）说明，市场规模效应和价格效应均受技术累积效应的影响，肮脏技术中间产品出口影响价格效应，而两部门中间产品进出口均影响市场规模效应。同样，将反映科研人员促进技术创新的式（2.8）代入式（2.72），即可消除四种效应的相互作用关系，得到两类技术选择的最大利润相对值与实际决定要素之间的关系为

$$\frac{\Pi_{ct}}{\Pi_{dt}} = \frac{1/(1+\ell_{ct}^f)}{(1-\tau_{dt}^f \ell_{dt})^{\varepsilon}/(1-\ell_{dt})} \left(\frac{\eta_c}{\eta_d}\right) \left(\frac{1+\gamma\eta_c s_{ct}}{1+\gamma\eta_d s_{dt}}\right)^{-\varphi-1} \left(\frac{A_{ct-1}}{A_{dt-1}}\right)^{-\varphi}$$

（2.73）

同样，根据均衡时两部门中间产品生产企业的利润之比的式（2.73）分析，可以得到科研人员两部门技术研发部门分配的两个角点解。

（1）如果 $s_{ct}=1$ 时，$\Pi_{ct}/\Pi_{dt}>1$ 成立，则角点解为 $s_{ct}=1$ 和 $s_{dt}=0$，科研人员全部在清洁技术研发部门，此时式（2.73）满足

$$\frac{1+\ell_{ct}^f}{(1-\ell_{dt})/(1-\tau_{dt}^f \ell_{dt})^{\varepsilon}} < \frac{\eta_c}{\eta_d} \left(\frac{1}{1+\gamma\eta_c}\right)^{\varphi+1} \left(\frac{A_{ct-1}}{A_{dt-1}}\right)^{-\varphi}$$

（2.74）

（2）如果 $s_{ct}=0$ 时，$\Pi_{ct}/\Pi_{dt}<1$ 成立，则角点解为 $s_{ct}=0$ 和 $s_{dt}=1$，科研人员全

部在肮脏技术研发部门，此时式（2.73）满足

$$\frac{1+\ell_{ct}{}^f}{(1-\ell_{dt})/(1-\tau_{dt}^f\ell_{dt})^\varepsilon} > \frac{\eta_c}{\eta_d}\left(\frac{1}{1+\gamma\eta_d}\right)^{-\varphi-1}\left(\frac{A_{ct-1}}{A_{dt-1}}\right)^{-\varphi} \qquad （2.75）$$

（3）如果 $\Pi_{ct}/\Pi_{dt}=1$，则当期的科研人员配置情况即为均衡时的内点解，此时式（2.73）等价于 1 即是满足条件。

三、模型分析：国际贸易的影响因素

在 AABH 模型为基准的条件下，将国外部门纳入内生经济增长的理论分析框架。研究的经济环境是在开放经济的条件下，国内和国际市场自由充分竞争，可供消费的最终产品是由清洁技术生产和肮脏技术生产的两类中间产品复合而成，两类中间产品之间相互替代的，而且中间产品价格在国内外市场上一致，即不会因为汇率、关税和通货膨胀等因素产生国内外的价格歧视。从国内的技术创新方向、经济增长和环境保护等可持续发展视角，而不是从全球视角，不强求国际贸易平衡，即允许贸易盈余或赤字，这样，国外部门仅为影响国内发展的一种因素，因此，贸易往来分四种情况展开分析，所得结论可以总结如下：

命题 2.1：在市场自由竞争的条件下，两部门中间产品存在着国际贸易时，贸易能够影响技术创新的方向。一是当 $\eta_d(1+\gamma\eta_c)^{\varphi+1}T_t<\eta_c(A_{ct-1}/A_{dt-1})^{-\varphi}$ 时，唯一的均衡解是技术创新仅发生在清洁技术研发部门；二是当 $\eta_dT_t>\eta_c(1+\gamma\eta_d)^{\varphi+1}(A_{ct-1}/A_{dt-1})^{-\varphi}$ 时，唯一的均衡解是技术创新仅发生在肮脏技术研发部门；三是当 $\eta_d(1+\gamma\eta_cs_{ct})^{\varphi+1}T_t=\eta_c(1+\gamma\eta_ds_{dt})^{\varphi+1}(A_{ct-1}/A_{dt-1})^{-\varphi}$ 且 $s_{ct}+s_{dt}=1$ 时，均衡解是清洁技术创新和肮脏技术创新不会发生变化，技术创新程度取决于科研人员的两部门配置 s_{ct} 和 s_{dt}。其中

$$T_t=\begin{cases} \dfrac{(1-\ell_{ct})/(1-\tau_{ct}^f\ell_{ct})^\varepsilon}{(1-\ell_{dt})/(1-\tau_{dt}^f\ell_{dt})^\varepsilon} & 如果\ Y_{ct}>\tilde{Y}_{ct}\quad Y_{dt}>\tilde{Y}_{dt} \\[3mm] \dfrac{(1-\ell_{ct})/(1-\tau_{ct}^f\ell_{ct})^\varepsilon}{1+\ell_{dt}^f} & 如果\ Y_{ct}>\tilde{Y}_{ct}\quad Y_{dt}<\tilde{Y}_{dt} \\[3mm] \dfrac{1+\ell_{ct}{}^f}{(1-\ell_{dt})/(1-\tau_{dt}^f\ell_{dt})^\varepsilon} & 如果\ Y_{ct}<\tilde{Y}_{ct}\quad Y_{dt}>\tilde{Y}_{dt} \\[3mm] \dfrac{1+\ell_{ct}{}^f}{1+\ell_{dt}^f} & 如果\ Y_{ct}<\tilde{Y}_{ct}\quad Y_{dt}<\tilde{Y}_{dt} \end{cases}$$

从命题 2.1 可知，国际贸易对国内技术创新方向的影响关键取决于 T_t 值，两

部门中间产品进出口情况 T_t 由四个不同的式子来表达，主要影响因素有两部门中间产品的净出口 ℓ_{jt}，净进口 ℓ_{jt}^f 和出口关税税率 τ_{jt}^f，以及外生参数两部门产品的替代弹性 ε。无论国家进出口是哪种情况，目标是促进科研人员转向清洁技术研发部门，那么就需要降低 T_t 值，使均衡条件从第二、第三种情况向第一种情况转变。

首先，分析净出口 ℓ_{jt} 的影响。当净出口为清洁技术产品时，即 $Y_{ct} > \tilde{Y}_{ct}$，有

$$dT_t / d\ell_{ct} \propto d[(1-\ell_{ct}) / (1-\tau_{ct}^f \ell_{ct})^\varepsilon] / d\ell_{ct} \qquad (2.76)$$

又因为

$$\frac{d\ln[(1-\ell_{ct}) / (1-\tau_{ct}^f \ell_{ct})^\varepsilon]}{d\ell_{ct}} = \frac{\varepsilon\tau_{ct}^f}{1-\tau_{ct}^f \ell_{ct}} - \frac{1}{1-\ell_{ct}} = \frac{(1-\varepsilon)\tau_{ct}^f \ell_{ct} - (1-\varepsilon\tau_{ct}^f)}{(1-\tau_{ct}^f \ell_{ct})(1-\ell_{ct})} \qquad (2.77)$$

根据式（2.77），当 $\tau_{ct}^f < 1/\varepsilon$ 时，ℓ_{ct} 在（0，1）的取值范围内，式（2.75）的值均小于零，则等价于式（2.76）中 $dT_t/d\ell_{ct} < 0$。当 $\tau_{ct}^f > 1/\varepsilon$ 时，存在着两种情况：一是如果 $(\varepsilon\tau_{ct}^f - 1)/(\varepsilon\tau_{ct}^f - \tau_{ct}^f) < \ell_{ct} < 1$，情况没有变化，仍然有 $dT_t/d\ell_{ct} < 0$；二是如果 $0 < \ell_{ct} < (\varepsilon\tau_{ct}^f - 1)/(\varepsilon\tau_{ct}^f - \tau_{ct}^f)$，则 $dT_t/d\ell_{ct} > 0$，因为模型的研究条件没有考虑到出口关税对价格的影响，在出口关税成本不能通过价格转移时，这样企业产品出口相对于内销利润会下降，所以关税税率应该在一个相对较低的范围内，更接近于一个自由贸易的环境，所以这种结果属于一种特殊的情况，这里暂不进行分析，后面再作补充讨论。同样，当净出口为肮脏技术产品时，即 $Y_{dt} > \tilde{Y}_{dt}$，有

$$dT_t / d\ell_{dt} \propto d[(1-\tau_{dt}^f \ell_{ct})^\varepsilon / (1-\ell_{dt})] / d\ell_{dt}$$

同理，当 $\tau_{dt}^f < 1/\varepsilon$ 时，得到 $d\ln[(1-\tau_{dt}^f \ell_{dt})^\varepsilon/(1-\ell_{dt})]/d\ell_{dt} > 0$，即有 $dT_t/d\ell_{ct} > 0$。当 $\tau_{dt}^f > 1/\varepsilon$ 时，如果出现 $dT_t/d\ell_{ct} > 0$ 属于特殊情况，这里暂时不作分析。另外，如果没有出口，则 T_t 不受影响。因此，一般情况下，对于进出口情况不同的国家，可以得到净出口对 T_t 值的影响为

$$\begin{cases} \dfrac{dT_t}{d\ell_{ct}} < 0, & \dfrac{dT_t}{d\ell_{dt}} > 0 & \text{如果 } Y_{ct} > \tilde{Y}_{ct} \quad Y_{dt} > \tilde{Y}_{dt} \\[3mm] \dfrac{dT_t}{d\ell_{ct}} < 0, & \dfrac{dT_t}{d\ell_{dt}} = 0 & \text{如果 } Y_{ct} > \tilde{Y}_{ct} \quad Y_{dt} < \tilde{Y}_{dt} \\[3mm] \dfrac{dT_t}{d\ell_{ct}} = 0, & \dfrac{dT_t}{d\ell_{dt}} > 0 & \text{如果 } Y_{ct} < \tilde{Y}_{ct} \quad Y_{dt} > \tilde{Y}_{dt} \\[3mm] \dfrac{dT_t}{d\ell_{ct}} = 0, & \dfrac{dT_t}{d\ell_{dt}} = 0 & \text{如果 } Y_{ct} < \tilde{Y}_{ct} \quad Y_{dt} < \tilde{Y}_{dt} \end{cases} \qquad (2.78)$$

根据式（2.78）可知，政府可以通过鼓励清洁技术产品的出口或者限制肮脏技术产品的出口，或者同时采用这两种措施，来扩大清洁技术产品的相对份额，降低 T_t 值，以促使技术创新转向清洁技术部门。

其次，分析净进口 ℓ_{jt}^f 的影响。因为 $\ell_{jt}^f = -\ell_{jt}$，同理，T_t 与 ℓ_{jt}^f 的关系与式（2.78）正好相反，故在不同进出口情况下，可以得到净进口对 T_t 值的影响为

$$\begin{cases} \dfrac{dT_t}{d\ell_{ct}^f} = 0, & \dfrac{dT_t}{d\ell_{dt}^f} = 0 & \text{如果 } Y_{ct} > \widetilde{Y}_{ct} \quad Y_{dt} > \widetilde{Y}_{dt} \\[2ex] \dfrac{dT_t}{d\ell_{ct}^f} = 0, & \dfrac{dT_t}{d\ell_{dt}^f} < 0 & \text{如果 } Y_{ct} > \widetilde{Y}_{ct} \quad Y_{dt} < \widetilde{Y}_{dt} \\[2ex] \dfrac{dT_t}{d\ell_{ct}^f} > 0, & \dfrac{dT_t}{d\ell_{dt}^f} = 0 & \text{如果 } Y_{ct} < \widetilde{Y}_{ct} \quad Y_{dt} > \widetilde{Y}_{dt} \\[2ex] \dfrac{dT_t}{d\ell_{ct}^f} > 0, & \dfrac{dT_t}{d\ell_{dt}^f} < 0 & \text{如果 } Y_{ct} < \widetilde{Y}_{ct} \quad Y_{dt} < \widetilde{Y}_{dt} \end{cases} \tag{2.79}$$

根据式（2.79）可知，要降低 T_t 值，政府对进口政策的选择正好和出口政策相反。应该限制清洁技术产品的进口以保护本国清洁技术的研发，还可以鼓励肮脏技术产品的进口来减少本国肮脏技术产品的生产，进而诱导技术转向清洁技术部门。

最后，分析出口关税 τ_{jt}^f 的影响。实际上，出口关税增加等价于限制了产品的出口，所以关税对 T_t 值的影响和对净出口的影响也正好相反，故在不同进出口情况下，出口关税税率对 T_t 值的影响为

$$\begin{cases} \dfrac{dT_t}{d\tau_{ct}^f} > 0, & \dfrac{dT_t}{d\ell_{dt}^f} < 0 & \text{如果 } Y_{ct} > \widetilde{Y}_{ct} \quad Y_{dt} > \widetilde{Y}_{dt} \\[2ex] \dfrac{dT_t}{d\tau_{ct}^f} > 0, & \dfrac{dT_t}{d\ell_{dt}^f} = 0 & \text{如果 } Y_{ct} > \widetilde{Y}_{ct} \quad Y_{dt} < \widetilde{Y}_{dt} \\[2ex] \dfrac{dT_t}{d\tau_{ct}^f} = 0, & \dfrac{dT_t}{d\ell_{dt}^f} < 0 & \text{如果 } Y_{ct} < \widetilde{Y}_{ct} \quad Y_{dt} > \widetilde{Y}_{dt} \\[2ex] \dfrac{dT_t}{d\tau_{ct}^f} = 0, & \dfrac{dT_t}{d\ell_{dt}^f} = 0 & \text{如果 } Y_{ct} < \widetilde{Y}_{ct} \quad Y_{dt} < \widetilde{Y}_{dt} \end{cases} \tag{2.80}$$

根据式（2.80）可知，对于出口关税税率而言，要降低 T_t 值，可以通过降低清洁技术产品的出口税率或者增加肮脏技术产品的出口税率来实现，但出口关税税率取决于国外政府部门，本国政府难以控制，因为政府可以反向操作，对于清

洁技术产品出口给予出口退税或者出口补贴降低出口成本，反之，对于肮脏技术产品出口给予增加税费以增加出口成本，可以达到同样的效果。

总之，根据上述的分析结果，可以归纳为命题2.2。

命题2.2：国际贸易促进技术创新转向清洁技术，可以通过扩大清洁技术生产的中间产品出口，或者限制肮脏技术生产的中间产品出口实现。一是当 $Y_{ct} > \tilde{Y}_{ct}$ 和 $Y_{dt} > \tilde{Y}_{dt}$ 时，为了促进技术创新转向清洁技术，既要对清洁技术产品生产部门扩大出口份额和给予出口税收补贴，又要对肮脏技术产品生产部门限制出口份额和额外增加出口税收。二是当 $Y_{ct} > \tilde{Y}_{ct}$ 和 $Y_{dt} < \tilde{Y}_{dt}$ 时，为了促进技术创新转向清洁技术，要对清洁技术产品生产部门扩大出口份额和给予出口税收补贴，同时要扩大对肮脏技术产品部门进口以替代国内生产。三是当 $Y_{ct} < \tilde{Y}_{ct}$ 和 $Y_{dt} > \tilde{Y}_{dt}$ 时，为了促进技术创新转向清洁技术，要对肮脏技术产品生产部门限制出口份额和额外增加出口税收，同时要限制清洁技术产品部门进口以促进国内生产。四是当 $Y_{ct} < \tilde{Y}_{ct}$ 和 $Y_{dt} < \tilde{Y}_{dt}$ 时，为了促进技术创新转向清洁技术，既要限制清洁技术产品部门进口，又要扩大对肮脏技术产品部门进口。

从上述分析过程可知，存在着违背命题2.2的特殊情况。如当 $\tau_{ct}^{f} > 1/\varepsilon$ 时，如果 $0 < \ell_{ct} < (\varepsilon\tau_{ct}^{f}-1)/(\varepsilon\tau_{ct}^{f}-\tau_{ct}^{f})$，则 $dT_t/d\ell_{ct} > 0$，如果 $0 < \ell_{ct} < (\varepsilon\tau_{dt}^{f}-1)/(\varepsilon\tau_{dt}^{f}-\tau_{dt}^{f})$，则 $dT_t/d\ell_{dt} < 0$，此时，减少清洁技术产品的出口份额和增加肮脏技术产品的出口份额，均能降低 T_t 值，促进技术创新向清洁技术转向。这说明出口份额对技术创新方向的影响受到两部门产品替代弹性 ε 的影响。本书出口关税税率的取值范围为 $1 > \tau_{ct}^{f} > 0$，因为 $\varepsilon > 1$，所以有 $1 > \tau_{ct}^{f} > 1/\varepsilon$。一方面，因为出口关税税率太高，根据式（2.31）可知，此时清洁技术产品出口份额增加提高的利润小于需要支付关税成本的增加，企业会减少出口份额，进而限制了清洁技术产品的生产和创新。另一方面，因为替代弹性 ε 的值较大，ε 值越大，τ_{ct}^{f} 值取值的下边界越低，说明在出口关税高到一定程度时，国内清洁技术产品替代肮脏技术产品获得利润相对更容易，从国际贸易的角度，出口并非最好的选择，但替代弹性如果影响企业创新行为还取决于命题2.1中的其他因素。因此，出口关税税率太高肯定是导致该结构的重要原因，但又取决于替代弹性 ε 的大小，而 ε 影响较为复杂，企业技术创新方向选择无法确定。同理，肮脏技术产品出口份额对企业技术创新方向的影响，也同样受到这两个因素的制约而无法确定。总之，这种情况是不太符合事实的一种特殊情况，不作分析并不会影响本书研究得出的一般性的结论。

两部门中间产品的替代弹性 ε 不仅影响进出口对技术创新转向的过程，而且对于均衡状态下的产品生产和可持续发展也有着重要的影响。根据式（2.27）、式（2.46）、式（2.59）、式（2.71）等均衡状态的产出公式，在企业利润最大化的条件下，两部门的最优产出取决于两种类型技术创新的水平。在初始状态下，$Y_{ct}=0$，技术创新集中在 d 部门，如果没有进出口贸易，则 Y_{dt} 的增长速度取决于 A_{dt} 的增长速度，根据技术创新式（2.8）可知，此时增长速度为 $\gamma\eta_d$，随着技术在肮脏技术创新轨道上不断进步，经济得到增长的同时，大量的排放最终会带来环境的灾乱。因为进出口贸易以及各国关税税率的影响，技术创新转向了 c 部门，此时，虽然 d 部门的技术停止了研发和创新，但是均衡产出公式 Y_{dt} 的增长速度则取决于 $A_{ct}^{\alpha+\varphi}$ 的增长速度，同样根据式（2.8），增长速度为 $(1+\gamma\eta_d)^{\alpha+\varphi}-1$。这就出现了两种可能性，当 $\varepsilon>1/(1-\alpha)$（等价于 $\alpha+\varphi<0$）时，则 $(1+\gamma\eta_d)^{\alpha+\varphi}-1<0$，此时增长速度为负值，表明 Y_{dt} 会随着清洁技术的创新而不断降低产量，最终会在某个时刻 $Y_{dt}\rightarrow 0$，也就意味着肮脏技术产品被完全替代，技术创新转向推动了产品生产的转向，进而不再产生排放，实现可持续增长目标。当 $1<\varepsilon<1/(1-\alpha)$（等价于 $\alpha+\varphi>0$）时，则 $(1+\gamma\eta_d)^{\alpha+\varphi}-1>0$，此时增长速度为正值，表明 Y_{dt} 会随着清洁技术的创新而不断增加产量，说明虽然肮脏技术停止了研发并没有阻止肮脏技术的运用和产品生产，之所以产生这样的结果，一方面，因为肮脏技术仍然具有较大的存量 A_{dt-1}，并不会因为清洁技术创新而立刻消失，而是随着清洁技术创新的发展逐步被替代，这需要一个较长的时间过程。另一方面，因为技术创新转向了 c 部门，市场规模效应必然使得劳动转向 c 部门，从而提高了清洁技术产品生产的相对劳动投入量，但清洁技术创新会提高 c 部门的生产效率，必然由于价格效应会提高肮脏技术产品的相对价格。如果替代弹性 ε 较弱时，市场规模效应小于价格效应，就会使得肮脏产品生产不断增加，而不会因为肮脏技术创新的停止而结束生产。因此，对外贸易可以推动技术创新转向清洁技术方向，但是却不一定能避免环境出现灾乱，这个分析结论可以归纳为命题2.3。

命题2.3：在市场自由竞争的条件下，如果没有外在因素的干预，市场均衡的结果必定是环境灾乱的发生。当两部门中间产品的替代弹性较强（$\varepsilon>1/(1-\alpha)$）时，环境还有回旋的空间，通过进出口贸易及关税推动技术创新转向清洁技术方向，可以阻止环境灾乱的发生。当两部门中间产品的替代弹性较弱（$1<\varepsilon<1/(1-\alpha)$）时，通过进出口贸易及关税推动技术创新转向清洁技术方向，不能阻止环境灾乱的发生。

第四节　国内社会计划者与最优环境政策

根据上文分析可知，在市场自由竞争的环境下，国际因素影响变量中进出口份额主要取决于企业生产的产品的国际竞争力，出口关税取决于对方国家进口政策，国内政府部门只能制定一些辅助政策间接影响这些因素。实际上，在开放经济条件下，国内政府依然有较多的政策工具可以对技术创新转向产生直接的影响，更具有主动性和可控性。为了不影响市场自由竞争配置资源的机制，政策工具效应要控制在外部性约束的范围内。外部性主要源于两方面：一是技术创新导致知识溢出产生的正外部性；二是肮脏技术生产带来污染排放形成的负外部性。通过政策促进技术创新转向清洁技术方向有两种直接的方式，分别为环境税和研发资助，因为负外部性对肮脏技术部门征收环境税限制发展，实际上是处理当前的环境外部性问题，而对清洁技术部门给予研发资助，进而减少未来的排放，等同于处理的未来环境外部性问题。所以通过理论模型寻找外部性的范围，以研究控制政策工具的实施限制。展开研究之前，需要设定国内社会计划者的目标函数，根据效用函数公式，可以叠加为

$$U = \sum_{t=0}^{\infty} \frac{u(C_t, S_t)}{(1+\rho)^t} \qquad (2.81)$$

式中，U 表示社会总效用，是各期效用的现值之和。ρ 是未来效用的贴现率，$\rho>0$，该值越大说明未来的效用折现为现在效用越小，相对而言，从全社会总体角度，认为现在的消费水平和环境质量比未来更重要。

一、基准模型：两部门中间产品均为净出口

如果两部门中间产品均为净出口，国家政府作为国内社会计划者，可以通过影子价格的方式求外部性约束的范围。政府目标是式（2.81）表示的效用达到最大化，约束条件根据式（2.2）、式（2.4）、式（2.5）、式（2.8）、式（2.10）进行

相应的调整，具体如下所示

$$\max\left\{\sum_{t=0}^{\infty}\frac{u(C_t,S_t)}{(1+\rho)^t}\right\}$$

s. t. $\quad C_t = \tilde{Y}_t - \psi(\int_0^1 x_{cit}di + \int_0^1 x_{dit}di)$

$$\tilde{Y}_t = \left\{\sum_{j=c,d}[(1-\ell_{jt})Y_{jt}]^{(\varepsilon-1)/\varepsilon}\right\}^{\varepsilon/(\varepsilon-1)}$$

$$Y_{jt} = L_{jt}^{1-\alpha}\int_0^1 A_{jit}^{1-\alpha}x_{jit}^{\alpha}di$$

$$S_{t+1} = (1+\delta)S_t - \xi Y_{dt}$$

$$A_{jt} = (1+\gamma\eta_j s_{jt})A_{jt-1}$$

根据上述约束条件构造拉格朗日函数求肮脏技术的负外部性，由此来征收合理的环境税。首先，通过对 C_t 取一阶导数等于 0，可以得到在 t 期消费一个单位的影子价格，即为消费函数的拉格朗日乘数

$$\lambda_t = \frac{du(C_t,S_t)/dC_t}{(1+\rho)^t} \tag{2.82}$$

式中，$du(C_t,S_t)/dC_t$ 表示了在 t 期消费的边际效用，因此，表示均衡状态时最终商品的影子价格等于消费的边际效用。然后，通过对 S_t 取一阶导数等于 0，可以得到在 t 期环境质量的影子价格，即为环境函数的拉格朗日乘数

$$\theta_t = \frac{du(C_t,S_t)/dS_t}{(1+\rho)^t} + (1+\delta)\theta_{t+1} \tag{2.83}$$

式（2.83）表示，在 t 期环境质量的影子价格等于环境的边际效用加上在 $t+1$ 期的影子价格与（$1+\delta$）的积。根据环境质量函数的假设条件，必须在 $S_t<\bar{S}$ 的条件下，才有研究意义，也就是说环境质量还没有达到最优环境质量，否则，环境的边际效用 $du(C_t,\bar{S})/dS_t=0$。通过对式（2.83）进行递归叠加，可以得到环境质量影子价格为

$$\theta_t = \sum_{v=t+1}^{\infty}\frac{(1+\delta)^{v-t-1}}{(1+\rho)^v}\frac{du(C_v,S_v)}{dS_v} \tag{2.84}$$

其次，通过对 Y_{jt} 取一阶导数等于 0，λ_{jt} 为两部门产出函数的拉格朗日乘数，这里用 λ_{jt}/λ_t 表示在 t 期投入 j 中间产品的影子价格，实际是指相对于最终产品的价

格，为了便于分析，这个相对价格用 $\hat{p}_{jt}$ 表示，则两部门中间产品的影子价格为

$$\frac{\hat{p}_{ct}}{(1-\ell_{ct})^{(\varepsilon-1)/\varepsilon}} = Y_{ct}^{-1/\varepsilon}\left\{[(1-\ell_{ct})Y_{ct}]^{(\varepsilon-1)/\varepsilon}+[(1-\ell_{dt})Y_{dt}]^{(\varepsilon-1)/\varepsilon}\right\}^{1/(\varepsilon-1)}$$

$$\frac{\hat{p}_{dt}}{(1-\ell_{dt})^{(\varepsilon-1)/\varepsilon}} = Y_{dt}^{-1/\varepsilon}\left\{[(1-\ell_{ct})Y_{ct}]^{(\varepsilon-1)/\varepsilon}+[(1-\ell_{dt})Y_{dt}]^{(\varepsilon-1)/\varepsilon}\right\}^{1/(\varepsilon-1)} - \frac{\theta_{t+1}\xi}{\lambda_t(1-\ell_{dt})^{(\varepsilon-1)/\varepsilon}}$$

$$(2.85)$$

比较式（2.85）中的两个等式，两部门产出的影子价格相比存在一个差值，这个值即为肮脏技术生产对环境产生破坏而形成的额外成本，即可以理解为环境负外部性的值，则环境税可以表示为

$$\kappa_t = \frac{\theta_{t+1}\xi}{(1-\ell_{dt})^{(\varepsilon-1)/\varepsilon}\lambda_t\hat{p}_{dt}} \qquad (2.86)$$

通过式（2.86）可以发现，环境税提高出现在以下几个时段：一是肮脏技术产品的出口份额 ℓ_{dt} 越大的时候。因为肮脏技术产品国内生产国外销售，污染排放对国内环境造成了损害。二是肮脏技术生产单位产出对环境的损害程度 ξ 越高的时候。三是环境质量的影子价格更大的时候，说明环境质量对我们影响更大，环境破坏对效用的损害也就越大。四是最终产品消费的影子价格越低的时候，也就意味着中间产品的投入产生的效用相对偏低。最后，将式（2.82）、式（2.84）代入式（2.86）即可以得到外部性约束的环境税税率为

$$\kappa_t = \frac{\xi}{(1-\ell_{dt})^{(\varepsilon-1)/\varepsilon}\hat{p}_{dt}}\sum_{v=t+1}^{\infty}\frac{(1+\delta)^{v-t-1}}{(1+\rho)^{v-t}}\frac{du(C_t,S_t)/dS_t}{du(C_t,S_t)/dC_t} \qquad (2.87)$$

根据拉格朗日函数计算技术创新外部性内部化的均衡解，社会计划者将通过资助方式将科研人员分配到高社会收益的部门。首先，假设因政府资助两中间产品部门生产所投入的所有设备的技术创新，使得两部门专业设备制造的平均成本下降为 $\alpha\psi$，则资助比例为 $1-\alpha$，根据垄断竞争市场的计算方式，可以得到专业设备制造厂商利润最大化时，中间产品生产部门的需求函数为

$$x_{jit} = [\frac{\alpha}{\psi}(1-\tau_{jt}^f\ell_{jt})\hat{p}_{jt}]^{1/(1-\alpha)}A_{jit}L_{jt} \qquad (2.88)$$

则专业设备厂商最大利润为

$$\pi_{jit} = (1-\alpha)\psi^{\alpha/(1-\alpha)}[\alpha(1-\tau_{jt}^f\ell_{jt})\hat{p}_{jt}]^{1/(1-\alpha)}A_{jit}L_{jt} \qquad (2.89)$$

两部门中间产品的利润最大化的生产函数为

$$Y_{jt} = [\frac{\alpha}{\psi}(1-\tau_{jt}^f \ell_{jt})\hat{p}_{jt}]^{\alpha/(1-\alpha)} A_{jt} L_{jt} \qquad (2.90)$$

其次，将式（2.90）作为构造拉格朗日函数的约束条件，并通过拉格朗日函数分别对两部门技术创新取一阶导数等于 0，可以得到两部门技术创新的影子价格，即为技术创新的拉格朗日乘数

$$\mu_{jt} = \left(\frac{\alpha}{\psi}\right)^{\alpha/(1-\alpha)} \lambda_t (1-\tau_{jt}^f \ell_{jt})^{\alpha/(1-\alpha)} \hat{p}_{jt}^{1/(1-\alpha)} L_{jt} + (1+\gamma\eta_j s_{jt})\mu_{jt+1} \qquad (2.91)$$

社会计划者考虑的是技术创新带来的社会收益，这里反映为技术创新使得生产效率的提高程度，生产率的提高程度可以用 $\gamma\eta_{jt}\mu_{jt}A_{jt-1}$ 来表示，则两部门社会收益之比为

$$\frac{\gamma\eta_{ct}\mu_{ct}A_{ct-1}}{\gamma\eta_{dt}\mu_{dt}A_{dt-1}} = \frac{\eta_c(1+\gamma\eta_c s_{ct})^{-1}\sum_{v=t}^{\infty}\lambda_v(1-\tau_{cv}^f \ell_{cv})^{\alpha/(1-\alpha)} \hat{p}_{cv}^{1/(1-\alpha)} L_{cv}A_{cv}}{\eta_d(1+\gamma\eta_d s_{dt})^{-1}\sum_{v=t}^{\infty}\lambda_v(1-\tau_{dv}^f \ell_{dv})^{\alpha/(1-\alpha)} \hat{p}_{dv}^{1/(1-\alpha)} L_{dv}A_{dv}} \qquad (2.92)$$

如果式（2.91）的比值大于 1，说明对清洁技术给予技术创新资助可以获得更大的社会收益，也表明清洁技术创新对生产效率提高的程度更大，那么政府应该给予清洁技术研发资助，促使科研人员被分配到清洁技术研发部门。

在自由竞争的条件下，科研人员全部转到清洁技术部门的条件是企业能获得更大的利益，根据式（2.24），可得到两部门最优配置时影子价格之比为

$$\frac{\hat{p}_{ct}}{\hat{p}_{dt}} = \left(\frac{1-\tau_{ct}^f \ell_{ct}}{1-\tau_{dt}^f \ell_{dt}}\right)^{-1} \left(\frac{A_{ct}}{A_{dt}}\right)^{-(1-\alpha)} \qquad (2.93)$$

根据式（2.85）、式（2.90）和式（2.93）可以得到两部门劳动最优需求之比为

$$\frac{L_{ct}}{L_{dt}} = \frac{1}{[1+(1-\ell_{dt})^{(\varepsilon-1)/\varepsilon}\kappa_t]^{-\varepsilon}}\left(\frac{1-\ell_{ct}}{1-\ell_{dt}}\right)^{-1}\left(\frac{1-\tau_{ct}^f \ell_{ct}}{1-\tau_{dt}^f \ell_{dt}}\right)^{\varepsilon}\left(\frac{A_{ct}}{A_{dt}}\right)^{-\varphi} \qquad (2.94)$$

根据式（2.92）、式（2.94）和式（2.89），若政府额外对清洁技术研发以 q_t 倍利润的比例进行资助，则两部门专业设备厂商总最大利润之比为

$$\frac{\Pi_{ct}}{\Pi_{dt}} = \frac{(1+q_t)}{[1+(1-\ell_{dt})^{(\varepsilon-1)/\varepsilon}\kappa_t]^{-\varepsilon}} \left(\frac{1-\ell_{ct}}{1-\ell_{dt}}\right)^{-1} \left(\frac{1-\tau_{ct}^f\ell_{ct}}{1-\tau_{dt}^f\ell_{dt}}\right)^{\varepsilon} \frac{\eta_c}{\eta_d} \left(\frac{1+\gamma\eta_c s_{ct}}{1+\gamma\eta_d s_{dt}}\right)^{-(\varphi+1)} \left(\frac{A_{ct-1}}{A_{dt-1}}\right)^{-\varphi}$$

（2.95）

当 $s_{ct}=1$ 时，如果 $\Pi_{ct}/\Pi_{dt}>1$，则技术创新必定转向清洁技术方向，此时资助比例为

$$q_t > q_{1t} = \frac{\eta_d\left(1+\gamma\eta_c\right)^{(\varphi+1)}}{\eta_c[1+(1-\ell_{dt})^{(\varepsilon-1)/\varepsilon}\kappa_t]^{\varepsilon}} \left(\frac{1-\ell_{ct}}{1-\ell_{dt}}\right) \left(\frac{1-\tau_{ct}^f\ell_{ct}}{1-\tau_{dt}^f\ell_{dt}}\right)^{-\varepsilon} \left(\frac{A_{ct-1}}{A_{dt-1}}\right)^{\varphi} - 1 \quad （2.96）$$

当 $s_{ct}=0$ 时，如果 $\Pi_{ct}/\Pi_{dt}<1$，则技术创新要转向肮脏技术方向。当 $1>s_{ct}>0$ 时，均衡的内点解为 $\Pi_{ct}/\Pi_{dt}=1$，两部门专业设备制造企业的利润相同，此时，如果政府给予清洁技术研发资助，即使均衡状态科研人员全部集中在肮脏技术部门，也会逐步转移至清洁技术部门，技术创新也会转向清洁技术方向，因此，资助比例为

$$q_t > q_{2t} = \frac{\eta_d\left(1+\gamma\eta_d\right)^{-(\varphi+1)}}{\eta_c[1+(1-\ell_{dt})^{(\varepsilon-1)/\varepsilon}\kappa_t]^{\varepsilon}} \left(\frac{1-\ell_{ct}}{1-\ell_{dt}}\right) \left(\frac{1-\tau_{ct}^f\ell_{ct}}{1-\tau_{dt}^f\ell_{dt}}\right)^{-\varepsilon} \left(\frac{A_{ct-1}}{A_{dt-1}}\right)^{\varphi} - 1 \quad （2.97）$$

比较式（2.96）和式（2.97），可知 $q_{1t}>q_{2t}$，所以式（2.97）的取值范围实际上包含了式（2.96）的取值范围。因此，政府要推动技术创新转向清洁技术方向至少需要满足式（2.97）的条件，资助额度受到环境税和国际贸易的影响。

二、模型讨论：两部门中间产品并非均为净出口

（一）第 1 种类型：两部门中间产品均为净进口

如果两部门中间产品均为净进口，国家政府作为国内社会计划者，目标是函数（2.81）表示的效用达到最大化，约束条件根据式（2.2）、式（2.4）、式（2.5）、式（2.8）、式（2.10）进行相应的调整，其中消费函数和最终产品函数进行相应的调整，具体如下所示

$$\max\left\{\sum_{t=0}^{\infty} \frac{u(C_t, S_t)}{(1+\rho)^t}\right\}$$

s.t. $\quad C_t = \tilde{Y}_t - \psi\left(\int_0^1 x_{cit}di + \int_0^1 x_{dit}di\right) - (p_{ct}\ell_{ct}^f Y_{ct} + p_{dt}\ell_{dt}^f Y_{dt})$

$$\tilde{Y}_t = \left\{\sum_{j=c,d} [(1+\ell_{jt}^f)Y_{jt}]^{(\varepsilon-1)/\varepsilon}\right\}^{\varepsilon/(\varepsilon-1)}$$

$$Y_{jt} = L_{jt}^{1-\alpha} \int_0^1 A_{jit}^{1-\alpha} x_{jit}^{\alpha} di$$

$$S_{t+1} = (1+\delta)S_t - \xi Y_{dt}$$

$$A_{jt} = (1+\gamma\eta_j s_{jt})A_{jt-1}$$

进口产品时国外企业需要上缴关税，所以，我国海关可以获得关税，而这个收入可以用于清洁技术产品的出口补贴，政府海关收入为

$$G_t = \tau_{ct}^h p_{ct} \ell_{ct}^f Y_{ct} + \tau_{dt}^h p_{dt} \ell_{dt}^f Y_{dt} \tag{2.98}$$

根据上述约束条件构造拉格朗日函数求肮脏技术的负外部性，由此来征收合理的环境税。首先，分别对 C_t 和 S_t 取一阶导数等于0，可以得到在 t 期产品消费和环境质量的影子价格，仍为式（2.82）和式（2.84）不发生变化。其次，通过对 Y_{jt} 取一阶导数等于0，两部门产出的相对影子价格 $\hat{p}_{jt}$ 发生了变化，可表示为

$$\frac{\hat{p}_{ct}}{(1+\ell_{ct}^f)^{(\varepsilon-1)/\varepsilon}} = Y_{ct}^{-1/\varepsilon} \left\{ [(1+\ell_{ct}^f)Y_{ct}]^{(\varepsilon-1)/\varepsilon} + [(1+\ell_{dt}^f)Y_{dt}]^{(\varepsilon-1)/\varepsilon} \right\}^{1/(\varepsilon-1)} - \frac{P_{ct}\ell_{ct}^f}{(1+\ell_{ct}^f)^{(\varepsilon-1)/\varepsilon}}$$

$$\frac{\hat{p}_{dt}}{(1+\ell_{dt}^f)^{(\varepsilon-1)/\varepsilon}} = Y_{dt}^{-1/\varepsilon} \left\{ [(1+\ell_{ct}^f)Y_{ct}]^{(\varepsilon-1)/\varepsilon} + [(1+\ell_{dt}^f)Y_{dt}]^{(\varepsilon-1)/\varepsilon} \right\}^{1/(\varepsilon-1)} - \frac{p_{dt}\ell_{dt}^f}{(1+\ell_{dt}^f)^{(\varepsilon-1)/\varepsilon}} - \frac{\theta_{t+1}\xi}{(1+\ell_{dt}^f)^{(\varepsilon-1)/\varepsilon}\lambda_t}$$

$$\tag{2.99}$$

比较式（2.99）中的两个等式，肮脏技术生产对环境产生破坏而形成的额外成本，即为环境负外部性的值，则环境税可以表示为

$$\kappa_t = \frac{\theta_{t+1}\xi}{(1+\ell_{dt}^f)^{(\varepsilon-1)/\varepsilon}\lambda_t\hat{p}_{dt}} \tag{2.100}$$

通过式（2.100）可以发现，和式（2.86）比较而言，有区别的是肮脏技术产品的进口份额 ℓ_{dt}^f 提高时，更多的肮脏技术产品是使用国外生产的产品，自然减少了国内的污染排放，所以减少了环境税税率，其他方面的影响和净进口的情况一致。最后，同样可以得到外部性约束的环境税税率为

$$\kappa_t = \frac{\xi}{(1+\ell_{dt}^f)^{(\varepsilon-1)/\varepsilon}\hat{p}_{dt}} \sum_{v=t+1}^{\infty} \frac{(1+\delta)^{v-t-1}}{(1+\rho)^{v-t}} \frac{du(C_t,S_t)/dS_t}{du(C_t,S_t)/dC_t} \tag{2.101}$$

假设因政府资助两中间产品部门生产所投入的所有设备的技术创新，使得两部门专业设备制造的平均成本下降为 $\alpha\psi$，可以得到专业设备制造厂商利润最大

化时，中间产品生产部门的需求函数为

$$x_{jit} = [\frac{\alpha}{\psi}\hat{p}_{jt}]^{1/(1-\alpha)} A_{jit} L_{jt} \tag{2.102}$$

则专业设备厂商最大利润为

$$\pi_{jit} = (1-\alpha)\psi^{\alpha/(1-\alpha)}[\alpha\hat{p}_{jt}]^{1/(1-\alpha)} A_{jit} L_{jt} \tag{2.103}$$

两部门中间产品的利润最大化的生产函数为

$$Y_{jt} = [\frac{\alpha}{\psi}\hat{p}_{jt}]^{\alpha/(1-\alpha)} A_{jt} L_{jt} \tag{2.104}$$

然后，将式（2.104）作为构造拉格朗日函数的约束条件，并通过拉格朗日函数分别对两部门技术创新 A_{jt} 取一阶导数等于 0，可以得到两部门技术创新的影子价格，即为技术创新的拉格朗日乘数

$$\mu_{jt} = \lambda_t \left(\frac{\alpha}{\psi}\right)^{\alpha/(1-\alpha)} \hat{p}_{jt}^{1/(1-\alpha)} L_{jt} + (1+\gamma\eta_j s_{jt})\mu_{jt+1} \tag{2.105}$$

社会计划者考虑的是技术创新带来的社会收益，这里反映为技术创新使得生产效率的提高程度，生产率的提高程度可以用 $\gamma\eta_{jt}\mu_{jt}A_{jt-1}$ 来表示，则两部门社会收益之比为

$$\frac{\gamma\eta_{ct}\mu_{ct}A_{ct-1}}{\gamma\eta_{dt}\mu_{dt}A_{dt-1}} = \frac{\eta_c(1+\gamma\eta_c s_{ct})^{-1}\sum_{v=t}^{\infty}\lambda_v \hat{p}_{cv}^{1/(1-\alpha)} L_{cv} A_{cv}}{\eta_d(1+\gamma\eta_d s_{dt})^{-1}\sum_{v=t}^{\infty}\lambda_v \hat{p}_{dv}^{1/(1-\alpha)} L_{dv} A_{dv}} \tag{2.106}$$

如果式（2.106）的比值大于 1，说明对清洁技术给予技术创新资助可以获得更大的社会收益，也表明清洁技术创新对生产效率提高的程度更大，那么政府应该给予清洁技术研发资助，促使科研人员被分配到清洁技术研发部门。

在自由竞争的条件下，科研人员全部转到清洁技术部门的条件是企业能获得更大的利益，根据式（2.24），可得到两部门最优配置时影子价格之比为

$$\frac{\hat{p}_{ct}}{\hat{p}_{dt}} = \left(\frac{A_{ct}}{A_{dt}}\right)^{-(1-\alpha)} \tag{2.107}$$

根据式（2.99）、式（2.104）和式（2.107）可以得到两部门劳动最优需求之比为

$$\frac{L_{ct}}{L_{dt}} = \frac{1}{[1+(1+\ell_{dt}^f)^{(\varepsilon-1)/\varepsilon}\kappa_t]^{-\varepsilon}}\left(\frac{1+\ell_{ct}^f}{1+\ell_{dt}^f}\right)^{-1}\left(\frac{A_{ct}}{A_{dt}}\right)^{-\varphi} \tag{2.108}$$

根据式（2.92）、式（2.94）和式（2.89），若政府额外对清洁技术研发以 q_t 倍利润的比例进行资助，则两部门专业设备厂商总最大利润之比为

$$\frac{\Pi_{ct}}{\Pi_{dt}} = \frac{(1+q_t)}{[1+(1+\ell_{dt}^f)^{(\varepsilon-1)/\varepsilon}\kappa_t]^{-\varepsilon}}\left(\frac{1+\ell_{ct}^f}{1+\ell_{dt}^f}\right)^{-1}\frac{\eta_c}{\eta_d}\left(\frac{1+\gamma\eta_c s_{ct}}{1+\gamma\eta_d s_{dt}}\right)^{-(\varphi+1)}\left(\frac{A_{ct-1}}{A_{dt-1}}\right)^{-\varphi} \tag{2.109}$$

当 $s_{ct}=1$ 时，如果 $\Pi_{ct}/\Pi_{dt}>1$，则技术创新必定转向清洁技术方向，此时资助比例为

$$q_t > q_{1t} = \frac{\eta_d\left(1+\gamma\eta_c\right)^{(\varphi+1)}}{\eta_c[1+(1+\ell_{dt}^f)^{(\varepsilon-1)/\varepsilon}\kappa_t]^\varepsilon}\left(\frac{1+\ell_{ct}^f}{1+\ell_{dt}^f}\right)\left(\frac{A_{ct-1}}{A_{dt-1}}\right)^\varphi - 1 \tag{2.110}$$

当 $s_{ct}=0$ 时，如果 $\Pi_{ct}/\Pi_{dt}<1$，则技术创新要转向肮脏技术方向。当 $1>s_{ct}>0$ 时，均衡的内点解为 $\Pi_{ct}/\Pi_{dt}=1$，两部门专业设备制造企业的利润相同，此时，如果政府给予清洁技术研发资助，即使均衡状态科研人员全部集中在肮脏技术部门，也会逐步转移至清洁技术部门，技术创新也会转向清洁技术方向，因此，资助比例为

$$q_t > q_{2t} = \frac{\eta_d\left(1+\gamma\eta_d\right)^{-(\varphi+1)}}{\eta_c[1+(1+\ell_{dt}^f)^{(\varepsilon-1)/\varepsilon}\kappa_t]^\varepsilon}\left(\frac{1+\ell_{ct}^f}{1+\ell_{dt}^f}\right)\left(\frac{A_{ct-1}}{A_{dt-1}}\right)^\varphi - 1 \tag{2.111}$$

比较式（2.110）和式（2.111），可知 $q_{1t}>q_{2t}$，所以式（2.111）的取值范围实际上包含了式（2.110）的取值范围。因此，政府要推动技术创新转向清洁技术方向至少需要满足式（2.111）的条件，资助额度受到环境税和国际贸易的影响。政府资助额度可以从海关关税中支付，所以实际财政对清洁技术部门的资助比率需要扣除关税的影响，根据式（2.98），政府实际资助比例为

$$\Delta q_t = q_t - \frac{\tau_{ct}^h p_{ct}\ell_{ct}^f Y_{ct} + \tau_{dt}^h p_{dt}\ell_{dt}^f Y_{dt}}{p_{ct}Y_{ct}} \tag{2.112}$$

当 $\Delta q_t>0$ 时，说明海关关税不足以满足政府资助的要求，需要额外给予清洁技术部门 Δq_t 的资助，如果 $\Delta q_t<0$，说明海关关税有盈余，资助技术创新向清洁技术方向转轨不需要政府额外的资助。

（二）第 2 种类型：Y_{ct} 为净出口且 Y_{dt} 为净进口

如果 Y_{ct} 为净出口且 Y_{dt} 为净进口，国家政府作为国内社会计划者，目标是

函数（2.81）表示的效用达到最大化，约束条件根据式（2.2）、式（2.4）、式（2.5）、式（2.8）、式（2.10）进行相应的调整，其中消费函数和最终产品函数需要调整，具体如下所示

$$\max\left\{\sum_{t=0}^{\infty}\frac{u(C_t,S_t)}{(1+\rho)^t}\right\}$$

s. t.

$$C_t = \tilde{Y}_t - \psi\left(\int_0^1 x_{cit}di + \int_0^1 x_{dit}di\right) - p_{dt}\ell_{dt}^f Y_{dt}$$

$$\tilde{Y}_t = \left([(1-\ell_{ct})Y_{ct}]^{(\varepsilon-1)/\varepsilon} + [(1+\ell_{dt}^f)Y_{dt}]^{(\varepsilon-1)/\varepsilon}\right)^{\varepsilon/(\varepsilon-1)}$$

$$Y_{jt} = L_{jt}^{1-\alpha}\int_0^1 A_{jit}^{1-\alpha} x_{jit}^{\alpha}di$$

$$S_{t+1} = (1+\delta)S_t - \xi Y_{dt}$$

$$A_{jt} = (1+\gamma\eta_j s_{jt})A_{jt-1}$$

进口产品只有 Y_{dt}，所以仅国外肮脏技术生产企业需要上缴关税，政府海关收入为

$$G_t = \tau_{dt}^h p_{dt}\ell_{dt}^f Y_{dt} \tag{2.113}$$

根据上述约束条件构造拉格朗日函数求肮脏技术的负外部性，由此征收合理的环境税。首先，分别对 C_t 和 S_t 取一阶导数等于 0，可以得到在 t 期产品消费和环境质量的影子价格，仍为式（2.82）和式（2.84）不发生变化。其次，通过对 Y_{jt} 取一阶导数等于 0，两部门产出的相对影子价格 $\hat{p}_{jt}$ 发生了变化，清洁技术产品和肮脏技术产品的影子价格分别可表示为式（2.85）和式（2.99）。比较两个等式，肮脏技术生产对环境产生破坏而形成的额外成本，即为环境负外部性的值，则环境税仍然为式（2.100）和式（2.101），因为环境税征收范围只是考虑作用于肮脏技术部门的负外部性，和清洁技术部门没有关系。

政府资助两中间产品部门生产所投入的所有设备的技术创新，使得两部门专业设备制造企业的平均成本下降为 $\alpha\psi$，可以得到专业设备制造厂商利润最大化时，清洁技术和肮脏技术的中间产品生产企业的需求函数分别为式（2.88）和式（2.102）；则两部门专业设备厂商最大利润为式（2.89）和式（2.103）；两部门中间产品利润最大化的生产函数为式（2.90）和式（2.104）。然后，可以得到两部门技术创新的影子价格，即两部门技术创新的拉格朗日乘数分别表示为式

（2.91）和式（2.105），社会计划者目标是技术创新带来的社会收益，反映为技术创新使得生产效率的提高程度，生产率的提高程度可以用 $\gamma\eta_{jt}\mu_{jt}A_{jt-1}$ 来表示，则两部门社会收益之比为

$$\frac{\gamma\eta_{ct}\mu_{ct}A_{ct-1}}{\gamma\eta_{dt}\mu_{dt}A_{dt-1}} = \frac{\eta_c(1+\gamma\eta_c s_{ct})^{-1}\sum_{v=t}^{\infty}\lambda_v(1-\tau_{cv}^f\ell_{cv})^{\alpha/(1-\alpha)}\hat{p}_{cv}^{1/(1-\alpha)}L_{cv}A_{cv}}{\eta_d(1+\gamma\eta_d s_{dt})^{-1}\sum_{v=t}^{\infty}\lambda_v\hat{p}_{dv}^{1/(1-\alpha)}L_{dv}A_{dv}} \quad （2.114）$$

如果式（2.114）的比值大于1，说明对清洁技术给予技术创新资助可以获得更大的社会收益，也表明清洁技术创新对生产效率提高的程度更大，那么政府应该给予清洁技术研发资助，促使科研人员被分配到清洁技术研发部门。

在自由竞争的条件下，科研人员全部转到清洁技术部门的条件是企业能获得更大的利益，根据式（2.56），可得到两部门最优配置时影子价格之比为

$$\frac{\hat{p}_{ct}}{\hat{p}_{dt}} = \left(\frac{1}{1-\tau_{ct}^f\ell_{ct}}\right)\left(\frac{A_{ct}}{A_{dt}}\right)^{-(1-\alpha)} \quad （2.115）$$

根据式（2.57）、式（2.85）、式（2.99）和式（2.115），可以得到两部门劳动最优需求之比为

$$\frac{L_{ct}}{L_{dt}} = \frac{\left(1-\tau_{ct}^f\ell_{ct}\right)^{\varepsilon}}{[1+(1+\ell_{dt}^f)^{(\varepsilon-1)/\varepsilon}\kappa_t]^{-\varepsilon}}\left(\frac{1-\ell_{ct}}{1+\ell_{dt}^f}\right)^{-1}\left(\frac{A_{ct}}{A_{dt}}\right)^{-\varphi} \quad （2.116）$$

根据式（2.115）、式（2.116）和式（2.61），若政府额外对清洁技术研发以 q_t 倍利润的比例进行资助，则两部门专业设备厂商总最大利润之比为

$$\frac{\Pi_{ct}}{\Pi_{dt}} = \frac{(1+q_t)\left(1-\tau_{ct}^f\ell_{ct}\right)^{\varepsilon}}{[1+(1+\ell_{dt}^f)^{(\varepsilon-1)/\varepsilon}\kappa_t]^{-\varepsilon}}\left(\frac{1-\ell_{ct}}{1+\ell_{dt}^f}\right)^{-1}\frac{\eta_c}{\eta_d}\left(\frac{1+\gamma\eta_c s_{ct}}{1+\gamma\eta_d s_{dt}}\right)^{-(\varphi+1)}\left(\frac{A_{ct-1}}{A_{dt-1}}\right)^{-\varphi} \quad （2.117）$$

当 $s_{ct}=1$ 时，如果 $\Pi_{ct}/\Pi_{dt}>1$，则技术创新必定转向清洁技术方向，此时资助比例为

$$q_t > q_{1t} = \frac{\eta_d\left(1+\gamma\eta_c\right)^{(\varphi+1)}\left(1-\tau_{ct}^f\ell_{ct}\right)^{-\varepsilon}}{\eta_c[1+(1+\ell_{dt}^f)^{(\varepsilon-1)/\varepsilon}\kappa_t]^{\varepsilon}}\left(\frac{1-\ell_{ct}}{1+\ell_{dt}^f}\right)\left(\frac{A_{ct-1}}{A_{dt-1}}\right)^{\varphi} - 1 \quad （2.118）$$

当 $s_{ct}=0$ 时，如果 $\Pi_{ct}/\Pi_{dt}<1$，则技术创新要转向肮脏技术方向。当 $1>s_{ct}>0$ 时，均衡的内点解为 $\Pi_{ct}/\Pi_{dt}=1$，两部门专业设备制造企业的利润相同，此时，如果政府给予清洁技术研发资助，即使均衡状态科研人员全部集中在肮脏技术部

门，也会逐步转移至清洁技术部门，技术创新也会转向清洁技术方向，因此，资助比例为

$$q_t > q_{2t} = \frac{\eta_d \left(1 + \gamma \eta_d\right)^{-(\varphi+1)} \left(1 - \tau_{ct}^f \ell_{ct}\right)^{-\varepsilon}}{\eta_c [1 + (1 + \ell_{dt}^f)^{(\varepsilon-1)/\varepsilon} \kappa_t]^\varepsilon} \left(\frac{1 - \ell_{ct}}{1 + \ell_{dt}^f}\right) \left(\frac{A_{ct-1}}{A_{dt-1}}\right)^\varphi - 1 \qquad （2.119）$$

比较式（2.118）和式（2.119），可知 $q_{1t} > q_{2t}$，所以式（2.119）的取值范围实际上包含了式（2.118）的取值范围。因此，政府要推动技术创新转向清洁技术方向至少需要满足式（2.119）的条件，资助额度受到环境税和国际贸易的影响。政府资助额度可以从海关关税中支付，所以实际财政对清洁技术部门的资助比率需要扣除关税的影响，根据式（2.113），政府实际资助比例为

$$\Delta q_t = q_t - \frac{\tau_{dt}^h p_{dt} \ell_{dt}^f Y_{dt}}{p_{ct} Y_{ct}} \qquad （2.120）$$

当 $\Delta q_t > 0$ 时，说明海关关税不足以满足政府资助的要求，需要额外给予清洁技术部门 Δq_t 的资助，如果 $\Delta q_t < 0$，说明海关关税有盈余，资助技术创新向清洁技术方向转轨不需要政府额外的资助。

（三）第 3 种类型：Y_{ct} 为净进口且 Y_{dt} 为净出口

如果 Y_{ct} 为净进口且 Y_{dt} 为净出口，国家政府作为国内社会计划者，目标是函数（2.81）表示的效用达到最大化，约束条件根据式（2.2）、式（2.4）、式（2.5）、式（2.8）、式（2.10）进行相应的调整，其中消费函数和最终产品函数需要调整，具体如下所示

$$\max \left\{ \sum_{t=0}^\infty \frac{u(C_t, S_t)}{(1+\rho)^t} \right\}$$

s. t.
$$C_t = \widetilde{Y}_t - \psi \left(\int_0^1 x_{cit} di + \int_0^1 x_{dit} di \right) - p_{ct} \ell_{ct}^f Y_{ct}$$

$$\widetilde{Y}_t = \left(\left[(1 + \ell_{ct}^f) Y_{ct}\right]^{(\varepsilon-1)/\varepsilon} + \left[(1 - \ell_{dt}) Y_{dt}\right]^{(\varepsilon-1)/\varepsilon} \right)^{\varepsilon/(\varepsilon-1)}$$

$$Y_{jt} = L_{jt}^{1-\alpha} \int_0^1 A_{jit}^{1-\alpha} x_{jit}^\alpha di$$

$$S_{t+1} = (1+\delta) S_t - \xi Y_{dt}$$

$$A_{jt} = (1 + \gamma \eta_j s_{jt}) A_{jt-1}$$

进口产品只有 Y_{dt}，所以仅国外肮脏技术生产企业需要上缴关税，政府海关

收入为

$$G_t = \tau_{ct}^h p_{ct} \ell_{ct}^f Y_{ct} \qquad (2.121)$$

根据上述约束条件构造拉格朗日函数求肮脏技术的负外部性，由此来征收合理的环境税。首先，分别对 C_t 和 S_t 取一阶导数等于 0，可以得到在 t 期产品消费和环境质量的影子价格，仍为式（2.82）和式（2.84）不发生变化。其次，通过对 Y_{jt} 取一阶导数等于 0，两部门产出的相对影子价格 $\hat{p}_{jt}$ 发生了变化，清洁技术产品和肮脏技术产品的影子价格分别可表示为式（2.99）和式（2.85）。比较两个等式，肮脏技术生产对环境产生破坏而形成的额外成本，即为环境负外部性的值，则环境税仍然为式（2.86）和式（2.87）。

政府资助两中间产品部门生产所投入的所有设备的技术创新，使得两部门专业设备制造企业的平均成本下降为 $\alpha\psi$，可以得到专业设备制造厂商利润最大化时，清洁技术和肮脏技术的中间产品生产企业的需求函数分别为式（2.102）和式（2.88）；则两部门专业设备厂商最大利润为式（2.103）和式（2.89）；两部门中间产品利润最大化的生产函数为式（2.104）和式（2.90）。然后，可以得到两部门技术创新的影子价格，即两部门技术创新的拉格朗日乘数分别表示为式（2.105）和式（2.91），社会计划者目标是技术创新带来的社会收益，反映为技术创新使得生产效率的提高程度，生产率的提高程度可以用 $\gamma\eta_{jt}\mu_{jt}A_{jt-1}$ 来表示，则两部门社会收益之比为

$$\frac{\gamma\eta_{ct}\mu_{ct}A_{ct-1}}{\gamma\eta_{dt}\mu_{dt}A_{dt-1}} = \frac{\eta_c(1+\gamma\eta_c s_{ct})^{-1}\sum\limits_{v=t}^{\infty}\lambda_v \hat{p}_{cv}^{1/(1-\alpha)}L_{cv}A_{cv}}{\eta_d(1+\gamma\eta_d s_{dt})^{-1}\sum\limits_{v=t}^{\infty}\lambda_v(1-\tau_{dv}^f\ell_{dv})^{\alpha/(1-\alpha)}\hat{p}_{dv}^{1/(1-\alpha)}L_{dv}A_{dv}} \qquad (2.122)$$

如果式（2.122）的比值大于 1，说明对清洁技术给予技术创新资助可以获得更大的社会收益，也表明清洁技术创新对生产效率提高的程度更大，那么政府应该给予清洁技术研发资助，促使科研人员被分配到清洁技术研发部门。

在自由竞争的条件下，科研人员全部转到清洁技术部门的条件是企业能获得更大的利益，根据式（2.68），可得到两部门最优配置时影子价格之比为

$$\frac{\hat{p}_{ct}}{\hat{p}_{dt}} = \left(\frac{1}{1-\tau_{dt}^f\ell_{dt}}\right)^{-1}\left(\frac{A_{ct}}{A_{dt}}\right)^{-(1-\alpha)} \qquad (2.123)$$

根据式（2.69）、式（2.85）、式（2.99）和式（2.123），可以得到两部门劳动最优需求之比为

$$\frac{L_{ct}}{L_{dt}} = \frac{1}{[1+(1-\ell_{dt})^{(\varepsilon-1)/\varepsilon}\kappa_t]^\varepsilon \left(1-\tau_{dt}^f \ell_{dt}\right)^\varepsilon} \left(\frac{1+\ell_{ct}^f}{1-\ell_{dt}}\right)^{-1} \left(\frac{A_{ct}}{A_{dt}}\right)^{-\varphi} \qquad （2.124）$$

根据式（2.123）、式（2.124）和式（2.61），若政府额外对清洁技术研发以 q_t 倍利润的比例进行资助，则两部门专业设备厂商总最大利润之比为

$$\frac{\Pi_{ct}}{\Pi_{dt}} = \frac{1+q_t}{[1+(1-\ell_{dt})^{(\varepsilon-1)/\varepsilon}\kappa_t]^{-\varepsilon}\left(1-\tau_{dt}^f\ell_{dt}\right)^\varepsilon} \left(\frac{1+\ell_{ct}^f}{1-\ell_{dt}}\right)^{-1} \frac{\eta_c}{\eta_d} \left(\frac{1+\gamma\eta_c s_{ct}}{1+\gamma\eta_d s_{dt}}\right)^{-(\varphi+1)} \left(\frac{A_{ct-1}}{A_{dt-1}}\right)^{-\varphi}$$

$$（2.125）$$

当 $s_{ct}=1$ 时，如果 $\Pi_{ct}/\Pi_{dt}>1$，则技术创新必定转向清洁技术方向，此时资助比例为

$$q_t > q_{1t} = \frac{\eta_d \left(1+\gamma\eta_c\right)^{(\varphi+1)}}{\eta_c[1+(1-\ell_{dt})^{(\varepsilon-1)/\varepsilon}\kappa_t]^\varepsilon \left(1-\tau_{dt}^f\ell_{dt}\right)^{-\varepsilon}} \left(\frac{1+\ell_{ct}^f}{1-\ell_{dt}}\right)\left(\frac{A_{ct-1}}{A_{dt-1}}\right)^\varphi - 1 \quad （2.126）$$

当 $s_{ct}=0$ 时，如果 $\Pi_{ct}/\Pi_{dt}<1$，则技术创新要转向肮脏技术方向。当 $1>s_{ct}>0$ 时，均衡的内点解为 $\Pi_{ct}/\Pi_{dt}=1$，两部门专业设备制造企业的利润相同，此时，如果政府给予清洁技术研发资助，即使均衡状态科研人员全部集中在肮脏技术部门，也会逐步转移至清洁技术部门，技术创新也会转向清洁技术方向，因此，资助比例为

$$q_t > q_{2t} = \frac{\eta_d \left(1+\gamma\eta_d\right)^{-(\varphi+1)}}{\eta_c[1+(1-\ell_{dt})^{(\varepsilon-1)/\varepsilon}\kappa_t]^\varepsilon \left(1-\tau_{dt}^f\ell_{dt}\right)^{-\varepsilon}} \left(\frac{1+\ell_{ct}^f}{1-\ell_{dt}}\right)\left(\frac{A_{ct-1}}{A_{dt-1}}\right)^\varphi - 1 \quad （2.127）$$

比较式（2.126）和式（2.127），可知 $q_{1t}>q_{2t}$，所以式（2.127）的取值范围实际上包含了式（2.126）的取值范围。因此，政府要推动技术创新转向清洁技术方向至少需要满足式（2.127）的条件，资助额度受到环境税和国际贸易的影响。政府资助额度可以从海关关税中支付，所以实际财政对清洁技术部门的资助比率需要扣除关税的影响，根据式（2.115），政府实际资助比例为

$$\Delta q_t = q_t - \tau_{ct}^h \ell_{ct}^f \qquad （2.128）$$

当 $\Delta q_t>0$ 时，说明海关关税不足以满足政府资助的要求，需要额外给予清洁技术部门 Δq_t 的资助，如果 $\Delta q_t<0$，说明海关关税有盈余，资助技术创新向清洁

技术方向转轨不需要政府额外的资助。这种情况对清洁技术进口征税补贴国内清洁技术部门，本质上是一种贸易保护主义，即对本国清洁技术生产的保护和培育。

三、模型分析：国际贸易因素的影响

政府促进技术创新转向清洁技术的基本政策工具是税收和资助两种，可以依据肮脏技术生产的负外部性来征收额外环境税而限制发展，依据技术研发的正外部性来给予研发资助促进技术创新，如果清洁技术创新的外部性相对于肮脏技术而言大一些的话，会采取偏向清洁技术研发资助政策，促进清洁技术的发展。上节内容通过影子价格的方式，比较两部门的差异而算出了均衡条件下的两种外部性的范围。环境税只能是对环境产生负外部性时才能征收，所以环境税只能发生在肮脏技术生产部门，环境税的值取决于根据肮脏技术生产对环境产生的额外影响，所以主要依赖于环境质量函数，那么肮脏技术生产对环境破坏程度及生态环境自我修复率等因素均对环境税产生直接的影响。因此，归纳四种不同进出口贸易组合的类型，可以总结为命题 2.4。

命题 2.4：在市场自由竞争的条件下，不考虑自然资源的可耗竭性，存在国际贸易时，环境税取决于肮脏技术生产部门，与消费的边际效用、消费者效用的贴现率、肮脏技术产品的影子价格负相关，与环境质量的边际效用、生态修复率和肮脏生产的环境破坏率正相关。当 $Y_{dt} > \tilde{Y}_{dt}$ 时，环境税与净出口份额正相关，环境税征收的额度为 $\kappa_t = \dfrac{\xi}{(1-\ell_{dt})^{(\varepsilon-1)/\varepsilon}\, \hat{p}_{dt}} \sum_{v=t+1}^{\infty} \dfrac{(1+\delta)^{v-t-1}}{(1+\rho)^{v-t}} \dfrac{du(C_t,S_t)/dS_t}{du(C_t,S_t)/dC_t}$，当 $Y_{dt} < \tilde{Y}_{dt}$ 时，环境税与净进口份额负相关，环境税征收的额度为

$$\kappa_t = \frac{\xi}{(1+\ell_{dt}^{f})^{(\varepsilon-1)/\varepsilon}\, \hat{p}_{dt}} \sum_{v=t+1}^{\infty} \frac{(1+\delta)^{v-t-1}}{(1+\rho)^{v-t}} \frac{du(C_t,S_t)/dS_t}{du(C_t,S_t)/dC_t} \,。$$

政府是否采取对清洁技术创新的研发资助政策，要根据技术创新的外部性及对生产效率提高的相对程度来决策。首先，在不同进出口情况下，运用目标函数在相应的约束条件下构造拉格朗日函数，对两部门技术水平取一阶导数等于 0，求得技术创新的影子价格。其次，根据技术创新对生产效率的影响函数，求解两部门技术创新对生产效率提高的程度。最后，比较提高程度的相对值来判断政府

是否应该给予清洁技术创新资助。当然，只有当清洁技术创新提高效率程度更高时才应该资助，因为此时清洁技术创新的知识外部溢出效应更大。所以，归纳四种不同进出口贸易组合的类型，可以总结为命题 2.5。

命题 2.5：在市场自由竞争的条件下，不考虑自然资源的可耗竭性，存在国际贸易时，技术创新对生产效率的提高程度主要取决于技术创新的影子价格和前期知识积累，即与出口份额、国外关税税率、研发人员数量等因素负相关，而与产品的影子价格、消费的边际效用、知识的累积等因素正相关。当清洁技术创新对生产效率提高的程度高于肮脏技术创新时（$\frac{\gamma\eta_{ct}\mu_{ct}A_{ct-1}}{\gamma\eta_{dt}\mu_{dt}A_{dt-1}} > 1$），政府为实现经济可持续发展目标，可以通过对清洁技术创新给予研发资助，促进技术创新转向清洁技术创新方向。其中

$$\frac{\gamma\eta_{ct}\mu_{ct}A_{ct-1}}{\gamma\eta_{dt}\mu_{dt}A_{dt-1}} = \begin{cases} \dfrac{\eta_c(1+\gamma\eta_c s_{ct})^{-1}\sum_{v=t}^{\infty}\lambda_v(1-\tau_{cv}^f\ell_{cv})^{\alpha/(1-\alpha)}\hat{p}_{cv}^{1/(1-\alpha)}L_{cv}A_{cv}}{\eta_d(1+\gamma\eta_d s_{dt})^{-1}\sum_{v=t}^{\infty}\lambda_v(1-\tau_{dv}^f\ell_{dv})^{\alpha/(1-\alpha)}\hat{p}_{dv}^{1/(1-\alpha)}L_{dv}A_{dv}} & \text{如果}\, Y_{ct} > \tilde{Y}_{ct}\quad Y_{dt} > \tilde{Y}_{dt} \\[4mm] \dfrac{\eta_c(1+\gamma\eta_c s_{ct})^{-1}\sum_{v=t}^{\infty}\lambda_v(1-\tau_{cv}^f\ell_{cv})^{\alpha/(1-\alpha)}\hat{p}_{cv}^{1/(1-\alpha)}L_{cv}A_{cv}}{\eta_d(1+\gamma\eta_d s_{dt})^{-1}\sum_{v=t}^{\infty}\lambda_v\hat{p}_{dv}^{1/(1-\alpha)}L_{dv}A_{dv}} & \text{如果}\, Y_{ct} > \tilde{Y}_{ct}\quad Y_{dt} < \tilde{Y}_{dt} \\[4mm] \dfrac{\eta_c(1+\gamma\eta_c s_{ct})^{-1}\sum_{v=t}^{\infty}\lambda_v\hat{p}_{cv}^{1/(1-\alpha)}L_{cv}A_{cv}}{\eta_d(1+\gamma\eta_d s_{dt})^{-1}\sum_{v=t}^{\infty}\lambda_v(1-\tau_{dv}^f\ell_{dv})^{\alpha/(1-\alpha)}\hat{p}_{dv}^{1/(1-\alpha)}L_{dv}A_{dv}} & \text{如果}\, Y_{ct} < \tilde{Y}_{ct}\quad Y_{dt} > \tilde{Y}_{dt} \\[4mm] \dfrac{\eta_c(1+\gamma\eta_c s_{ct})^{-1}\sum_{v=t}^{\infty}\lambda_v\hat{p}_{cv}^{1/(1-\alpha)}L_{cv}A_{cv}}{\eta_d(1+\gamma\eta_d s_{dt})^{-1}\sum_{v=t}^{\infty}\lambda_v\hat{p}_{dv}^{1/(1-\alpha)}L_{dv}A_{dv}} & \text{如果}\, Y_{ct} < \tilde{Y}_{ct}\quad Y_{dt} < \tilde{Y}_{dt} \end{cases}$$

当命题 2.5 不成立，即 $\frac{\gamma\eta_{ct}\mu_{ct}A_{ct-1}}{\gamma\eta_{dt}\mu_{dt}A_{dt-1}} \leq 1$ 时，意味着清洁技术创新并不比肮脏技术创新带来更多的好处，政府就没有理由给予清洁技术创新额外的研发资助，只能采取中性的资助政策，甚至还可以给肮脏技术额外的研发资助。如果命题 2.5 成立，则政府应给予清洁技术创新专门的资助，但资助是有限度的，这个限度可能需要和环境税政策相互配合。另外，资助资金来源可以来自两个方面：一

是当存在着进口时存在着关税收入，这部分资金可以用来补贴给国内清洁生产部门；二是当税收收入全部补贴后仍不能满足要求时，差额可以用政府财政资金补足，直至实现技术创新转轨目标。归纳四种不同进出口贸易组合的类型，可以将政府资助的不同要求总结为命题 2.6。

命题 2.6：在市场自由竞争的条件下，不考虑自然资源的可耗竭性，且命题 2.5 成立时，政府应对清洁技术创新采取直接支持的研发资助政策，要实现技术创新转向清洁技术方向的目标，研发资助必须满足条件 $q_t > Q_t \eta_d (1+\gamma \eta_d)^{-(\varphi+1)} A_{ct-1}^{-\varphi} / \eta_c A_{dt-1}^{\varphi} - 1$，当存在净进口产品时，研发资助资金可以从进口关税中支付，如果关税收入超过了资助的额度则不用额外给予财政资助，否则，政府需要对清洁技术创新进行财政资助，实际研发资助资金占清洁技术企业利润的比值为 Δq_t。其中

$$
Q_t = \begin{cases}
\dfrac{(1-\ell_{ct})/(1-\tau_{ct}^f \ell_{ct})^\varepsilon}{[1+(1-\ell_{dt})^{(\varepsilon-1)/\varepsilon} \kappa_t]^\varepsilon (1-\ell_{dt})/(1-\tau_{dt}^f \ell_{dt})^\varepsilon}; \ 且\ \Delta q_t = 0 & 如果\ Y_{ct} > \tilde{Y}_{ct} \quad Y_{dt} > \tilde{Y}_{dt} \\[4mm]
\dfrac{(1-\ell_{ct})/(1-\tau_{ct}^f \ell_{ct})^\varepsilon}{[1+(1+\ell_{dt}^f)^{(\varepsilon-1)/\varepsilon} \kappa_t]^\varepsilon (1+\ell_{dt}^f)}; \ 且\ \Delta q_t = q_t - \dfrac{\tau_{dt}^h p_{dt} \ell_{dt}^f Y_{dt}}{p_{ct} Y_{ct}} & 如果\ Y_{ct} > \tilde{Y}_{ct} \quad Y_{dt} < \tilde{Y}_{dt} \\[4mm]
\dfrac{1+\ell_{ct}^f}{[1+(1-\ell_{dt})^{(\varepsilon-1)/\varepsilon} \kappa_t]^\varepsilon (1-\ell_{dt})/(1-\tau_{dt}^f \ell_{dt})^\varepsilon}; \ 且\ \Delta q_t = q_t - \tau_{ct}^h \ell_{ct}^f & 如果\ Y_{ct} < \tilde{Y}_{ct} \quad Y_{dt} > \tilde{Y}_{dt} \\[4mm]
\dfrac{1+\ell_{ct}^f}{[1+(1+\ell_{dt}^f)^{(\varepsilon-1)/\varepsilon} \kappa_t]^\varepsilon (1+\ell_{dt}^f)}; \ 且\ \Delta q_t = q_t - \dfrac{\tau_{ct}^h p_{ct} \ell_{ct}^f Y_{ct} + \tau_{dt}^h p_{dt} \ell_{dt}^f Y_{dt}}{p_{ct} Y_{ct}} & 如果\ Y_{ct} < \tilde{Y}_{ct} \quad Y_{dt} < \tilde{Y}_{dt}
\end{cases}
$$

从命题 2.6 中可知，无论国家的进出口状况如何，环境税都可以降低对清洁技术研发资助的额度，所以，最优政策选择是根据命题 2.6 将环境税和研发资助两种政策配合使用。如果命题 2.5 不成立，则只能使用环境税单一的政策，这是次优政策的选择。因为环境税是根据肮脏技术破坏环境的外部性计算而来的，征税额度要控制在外部性的范围之内，所以环境税并不能保障技术创新必定会向清洁技术方向转轨，如果一定要通过环境税推动技术创新方向转轨又可能导致过度使用，即超过外部性的范围而扭曲市场经济资源配置。另外，环境税仅作用于肮脏技术部门，通过增加成本减少利润的方式促使技术创新转向清洁技术，但在实际中，企业可能通过提高价格转嫁税费的方式降低政策效率，毕竟环境税促进清洁技术是一条间接的路径，这条路径是否顺畅地进行还有很多问题值得研究，而直接给予清洁技术创新研发资助，等价于直接增加了这类企业利润，政策效率应该更为明显，但实际中，因为直接资助资金的不便监控和研发效率不好评价，致

使可能会出现企业虚报事实套取政府资金，或者出现过度激励致使财政负担沉重和产能过剩。

根据命题 2.3，两部门技术产品的替代弹性对政策的持续性有着重要的影响。对比命题 2.3 和命题 2.6，弹性对研发环境税和研发资助的影响也有相似之处，所以，这里要讨论弹性对两种政策作用的持续性。

一是对于清洁技术研发资助政策而言，当两部门技术产品替代弹性大于 1 的时候，通过给予清洁技术研发部门额外的资助，获得了相对于肮脏技术部门更多的利润，会引导企业转向清洁技术研发，当清洁技术产品完全替代肮脏技术产品后即可政策退出，此时，技术创新完全在清洁技术的轨道上，已经没有肮脏技术的研发和生产，清洁技术产品以 $\gamma\eta_c$ 的速度增长，因此，当两部门产品替代弹性大于 1 时，直接对清洁技术的研发资助是一项短期的政策，只要在环境质量允许的范围之内，研发资助能够使得技术创新实现完全转轨。

二是对于环境税而言，根据前文的计算方法，可以算出在均衡状态时，不同进出口情况国家的肮脏技术产品的均衡产量为

$$Y_{dt} = \begin{cases} \dfrac{(1-\tau_{dt}^{f}\ell_{dt})^{(1-\varphi)/(1-\alpha)}(1-\tau_{ct}^{f}\ell_{ct})^{\alpha/(1-\alpha)}(1-\ell_{ct})A_{dt}A_{ct}^{\alpha+\varphi}}{\left((1-\tau_{dt}^{f}\ell_{dt})^{(1-\varepsilon)}A_{dt}^{\varphi}+[1+(1-\ell_{dt})^{(\varepsilon-1)/\varepsilon}\kappa_t]^{1-\varepsilon}(1-\tau_{ct}^{f}\ell_{ct})^{(1-\varepsilon)}A_{ct}^{\varphi}\right)^{\alpha/\varphi}} \\ \qquad \times \dfrac{1}{[1+(1-\ell_{dt})^{(\varepsilon-1)/\varepsilon}\kappa_t]^{\varepsilon}(1-\ell_{dt})(1-\tau_{ct}^{f}\ell_{ct})^{\varepsilon}A_{dt}^{\varphi}+(1-\ell_{ct})(1-\tau_{dt}^{f}\ell_{dt})^{\varepsilon}A_{ct}^{\varphi}} \quad \text{如果} Y_{ct}>\tilde{Y}_{ct}, Y_{dt}>\tilde{Y}_{dt} \\[4mm] \dfrac{(1-\tau_{ct}^{f}\ell_{ct})^{\alpha/(1-\alpha)}(1-\ell_{ct})A_{dt}A_{ct}^{\alpha+\varphi}}{\left(A_{dt}^{\varphi}+[1+(1+\ell_{dt}^{f})^{(\varepsilon-1)/\varepsilon}\kappa_t]^{1-\varepsilon}(1-\tau_{ct}^{f}\ell_{ct})^{(1-\varepsilon)}A_{ct}^{\varphi}\right)^{\alpha/\varphi}} \\ \qquad \times \dfrac{1}{[1+(1+\ell_{dt}^{f})^{(\varepsilon-1)/\varepsilon}\kappa_t]^{\varepsilon}(1+\ell_{dt}^{f})(1-\tau_{ct}^{f}\ell_{ct})^{\varepsilon}A_{dt}^{\varphi}+(1-\ell_{ct})A_{ct}^{\varphi}} \quad \text{如果} Y_{ct}>\tilde{Y}_{ct}, Y_{dt}<\tilde{Y}_{dt} \\[4mm] \dfrac{(1-\tau_{dt}^{f}\ell_{dt})^{(1-\varphi)/(1-\alpha)}(1+\ell_{ct}^{f})A_{dt}A_{ct}^{\alpha+\varphi}}{\left((1-\tau_{dt}^{f}\ell_{dt})^{(1-\varepsilon)}A_{dt}^{\varphi}+[1+(1-\ell_{dt})^{(\varepsilon-1)/\varepsilon}\kappa_t]^{1-\varepsilon}A_{ct}^{\varphi}\right)^{\alpha/\varphi}} \\ \qquad \times \dfrac{1}{[1+(1-\ell_{dt})^{(\varepsilon-1)/\varepsilon}\kappa_t]^{\varepsilon}(1-\ell_{dt})A_{dt}^{\varphi}+(1+\ell_{ct}^{f})(1-\tau_{dt}^{f}\ell_{dt})^{\varepsilon}A_{ct}^{\varphi}} \quad \text{如果} Y_{ct}<\tilde{Y}_{ct}, Y_{dt}>\tilde{Y}_{dt} \\[4mm] \dfrac{(1+\ell_{ct}^{f})A_{dt}A_{ct}^{\alpha+\varphi}}{\left(A_{dt}^{\varphi}+[1+(1+\ell_{dt}^{f})^{(\varepsilon-1)/\varepsilon}\kappa_t]^{1-\varepsilon}A_{ct}^{\varphi}\right)^{\alpha/\varphi}} \\ \qquad \times \dfrac{1}{[1+(1+\ell_{dt}^{f})^{(\varepsilon-1)/\varepsilon}\kappa_t]^{\varepsilon}(1+\ell_{dt}^{f})A_{dt}^{\varphi}+(1+\ell_{ct}^{f})A_{ct}^{\varphi}} \quad \text{如果} Y_{ct}<\tilde{Y}_{ct}, Y_{dt}<\tilde{Y}_{dt} \end{cases}$$

从上式可知，在均衡状态时，在政策工具的作用下，技术创新已经全部转向了清洁技术，肮脏技术停止创新，则进出口份额及关税税率均处于稳定的状态，那么肮脏技术产品的增长率和进出口条件无关，则可以简单地表示为

$$Y_{dt} \propto \frac{A_{ct}^{\alpha+\varphi}}{\left(1+(1+\kappa_t)^{1-\varepsilon} A_{ct}^{\varphi}\right)^{\alpha/\varphi} \left((1+\kappa_t)^{\varepsilon} + A_{ct}^{\varphi}\right)} \tag{2.129}$$

根据式（2.129）结合命题3，可以推断，当 $1<\varepsilon<1/(1-a)$（即 $\alpha+\varphi>0$）时，仅当 $\kappa_t \to \infty$，$Y_{dt} \to 0$，说明要使肮脏技术生产完全转向清洁技术生产，需要运用持续性的环境税来实现；当 $\varepsilon>1/(1-a)$（即 $\alpha+\varphi<0$）时，仅当 $\kappa_t \to 0$，$Y_{dt} \to 0$，说明在均衡状态时，环境税政策即使退出，肮脏技术生产也会逐步自行淘汰，最终转向清洁技术生产，所以这种情况下环境税是一项临时性的政策。因此，可将上述的分析结论归纳为命题2.7。

命题2.7：在外部性约束的条件下，政府可以通过环境税和研发资助政策实现技术创新向清洁技术方向转轨，从而避免环境灾乱而实现可持续发展目标。当两部门产品替代弹性 $\varepsilon>1$ 时，或当两部门产品替代性较强时（$\varepsilon>1/(1-\alpha)$），环境税政策均为临时性的政策工具，即在政策工具的作用下技术创新完全转向清洁技术方向后即可退出，在市场机制的作用下，会逐步使得肮脏技术生产完全转向清洁技术生产。而当两部门产品替代性较弱时（$1/(1-\alpha)>\varepsilon>1$），环境税是一项持续性的政策，技术创新完全转向清洁技术方向后仍然不能退出，而要持续到肮脏技术完全转向清洁技术生产后才能结束。

第五节　本章小结

本章通过将国家贸易的相关变量引入 AABH 的研究框架，建立了一个更为全面的研究偏向政策激励与清洁技术创新的内生增长模型，主要从市场自由竞争和社会计划者两个角度展开了分析。

一方面，从市场自由竞争和分散性竞争均衡的角度分析，认为在国内外市场自由竞争的条件下，国际贸易导致的进出口贸易份额和出口关税税率等变量能影响技术创新的方向。如果初始状态时生产主要集中于肮脏技术生产部门，通过影响相关变量可以推动技术创新转向清洁技术方向。技术创新完全集中到清洁技

术方向后，并不一定能阻止肮脏技术的运用和中间产品的生产。当两部门中间产品替代弹性相对较高时，国际贸易相关变量可以只发挥短期的作用，使得清洁技术创新领先，随着市场机制的运行，肮脏技术及产品会逐步退出市场，从而避免环境灾乱，能实现可持续发展目标；当两部门中间产品替代弹性相对较弱时，国际贸易相关变量需要发挥持续性的长期作用，技术创新完全转向清洁技术方向，并不能阻止肮脏技术产品的生产和环境最终走向灾乱，还需要其他的政策予以支持。

另一方面，从国内社会计划者与最优环境政策的角度分析，认为政策干预市场行为需要在外部性的约束条件下，并不会扭曲市场对资源的最优配置，从此角度展开分析得到了以下几方面的结论：

首先，环境税的征收额度是以肮脏技术生产的负外部性为基础的。对于肮脏技术产品净进口国家而言，因为国外生产国内消费使得减少了国内的排放，所以环境税会相应下降，反之，如果是肮脏技术产品净出口国家，则环境税会相应上升。

其次，研发资助政策是以技术创新的正外部性为依据的，出口份额和出口关税均会导致国内技术创新的知识溢出效应下降，从而使得正外部性下降。如果要采取支持清洁技术创新的资助政策，则必须满足清洁技术创新高于肮脏技术创新的社会收益的条件。

再次，最优的政策工具选择是环境税和清洁技术资助两种政策的组合，不同国家组合的条件是不同的，两部门技术产品的出口份额和关税税率均会产生重要影响，当存在着进口产品时，对清洁技术的研发资助可以用海关关税支持，不够时再用财政资金补足。次优的政策工具仅为环境税政策，因为在外部性约束的条件下，并不一定能达到对清洁技术研发资助的条件，环境税是一种间接的作用手段，政策效果弱于直接资助政策，仅靠环境税实现技术创新转轨目标，可能会出现过度激励而扭曲市场资源配置的问题。

最后，当技术创新完全转向清洁技术后，市场机制会推动肮脏技术生产完全转向清洁技术生产，政策工具是对清洁技术创新的研发资助，或者两部门技术产品替代弹性较强时征收环境税，而当替代弹性较弱时环境税政策是一项持续性的政策，直至肮脏技术生产消失后才能退出。

从国内外市场自由竞争的角度看，国际贸易中相关变量的改变，如进出口份额和出口关税税率等，可以是国家政策的引导，也可以是市场行为自发的形成。国家政策的影响主要有：一是国际绿色贸易壁垒，通过对产品类型的关税差异，或者种类数量的限制，限制了肮脏技术产品的出口，间接激励了清洁技术产品的生产和出口。当然为了保护本国环境，发展过程中在无法避免肮脏技术产品投入的时候，可以同样运用政策，增加肮脏技术产品的进口来替代本国的生产，减少本国的污染排放和环境破坏。二是国家鼓励清洁技术产品的出口退税政策，而不是中性的出口退税政策，可以扩大清洁技术产品的出口相对份额。为了促进产品的国际竞争力，经济还处于发展中国家时期，采取普遍的出口退税政策时，要有偏向地对清洁技术产品出口退税相对于肮脏技术产品给予更高的强度，激励国内清洁技术产品的生产。

实际上，出口份额增加主要取决于具有竞争优势产业的发展，关键是靠企业掌握核心技术，利用区位优势、资源禀赋优势等条件生产具有竞争力的产品，进而扩大海外市场。一是企业家精神的影响。如果企业家比较有远见，预计到清洁技术产品的广阔市场，进行前瞻性和战略性的布局，主动进行清洁技术研发，提前推动了产业转型升级；或者企业家有环境保护的大格局，对清洁技术产业有个人偏好，从而始终致力于清洁技术创新和环境保护。二是偶然的因素使企业具有了先发优势。可以是企业家偶然的机缘巧合，领先一步投资的正好属于清洁技术产品行业；或者是科研人员在重大清洁技术创新方面偶然取得了突破，占据了行业先机。无论是必然性还是偶然性因素，使企业在清洁技术创新和生产上领先一步，从而具备了国家竞争力，必然会有效地进一步推动技术创新向清洁技术方向转型，进而促进国内经济的可持续发展。总之，需要政策辅助引导和企业自身努力，联合推动企业技术创新方向转型和产业发展，提高清洁技术产业国际竞争力，才有可能通过国际贸易实现国内技术创新方向转轨，避免环境灾乱的发生。

从环境政策干预的角度而言，为了不扭曲市场机制对资源的配置，政策激励必须在外部性约束的范围内，在制定环境政策时要注意以下几方面：

一是相关参数要进行科学的核算。要保障环境税和研发资助的政策的有效性和准确性，应科学地核算相关参数的前提条件。因为经济中各类产业、企业、家庭的关系错综复杂，涉及的外生参数要准确核算实际上比较困难，比如最终产品效用的贴现率、生态自我修复系数、环境质量的边际效用、消费水平的边际效用、肮脏技术生产对环境破坏的系数、两部门技术产品的替代率等，这些参数对偏向性政策工具的选择很重要，而且可能会随时间的推移和环境的变化而改变，因此，如何运用科学的方法核算一个相对合理的参数显得非常重要。

二是合理使用偏向性研发资助和环境税。只要存在肮脏技术生产，环境税的征收就是必须的，但偏向清洁技术的研发资助政策是有条件的，必须在正外部性比肮脏技术高时才能进行。尽管从政策效果而言，偏向性研发资助政策效果直接，而环境税是一种间接的干预，政策效果要弱很多，但从外部性的角度而言环境税仍然是第一选择。如果有效提高政策作用的效率，还要配合使用两项政策工具发挥协同效应。从国际因素的角度而言，采用进口替代的方式，以减少肮脏技术产品生产和出口，反之，鼓励清洁技术产品的出口，扩大本国生产，是有效的激励技术创新转轨的手段，也能减缓政策运用环境税和研发资助政策的压力。

三是政策工具使用要进行过程监控。政策工具是为了促进技术创新转轨而实现可持续发展目标，也要在外部性约束和资源环境约束的条件下进行，各种政策工具在进入、监控、退出时要进行有效监控并作出科学判断。特别是两种政策要随着实际情况不断进行调整和优化，避免因参数的误差或者外部环境的误判而选择了不合适的政策，扰乱了市场竞争机制并造成了额外的财政负担，例如以我国光伏产业为例，虽然在政策的激励下获得了快速的发展，但也形成相对的产能过剩和财政补贴资金巨大的缺口，核心技术方面还对国外存在一定的依赖性。

四是政策使用要综合考虑到多种政策的协同作用。本章重点分析了国际贸易因素、偏向性研发资助和环境税等因素推动技术创新转轨及可持续发展的机制，但这些因素能实现目标有一系列的前提条件，并不是绝对能够达成目标的。实际上，政府针对环境保护和资源节约的政策，如对清洁技术产品购买使用的配套基础设施建设，积极宣传环境保护和绿色发展理念而引导公众规范自身行为，等等。这些政策对企业行为和技术创新转轨有着正向的影响，因此，运用政策工具时要考虑多方面的影响，才能做出最符合实际的有效政策，提高政策效率，加快实现可持续发展目标。

第三章　偏向性政策激励清洁技术创新的专题分析

第一节　引言

在现实经济中，除了上章分析的环境税和偏向性研发资助两项政策外，促进技术创新转向清洁技术方向的政策工具还有两种。一种是以环境保护为目的的环境规制政策。环境规制是一种强制性手段，可能会增加企业肮脏技术生产成本，倒逼企业转向清洁技术研发和生产。除前面研究的环境税外，还有提高排放标准、增强污染处罚力度、额定排放量及排放权交易等都属于此类政策。另一种是直接给予清洁技术研发和生产企业支持的政策。除了对清洁技术研发给予研发资助外，还可能通过政策扩大清洁技术产品的市场需求间接诱导创新，如偏向性的政策采购、消费者购买补贴、宣传引导消费者购买等政策。另外，因为可耗竭性资源的稀缺性，会随着经济增长过程不断推高资源价格，资源价格的变化是影响技术创新方向的重要因素。因此，本书根据这些因素的重要性选择从以下三个专题展开分析。

一、研究可耗竭性资源价格的影响

研究重点是在市场自由竞争的条件下，可耗竭资源价格对技术创新转轨及可持续发展的作用机制。可以为政府的战略性选择和相关政策的合理制定，以及企业进行资源节约或新能源选择等方面的研发投入提供决策参考。因为可耗竭性资源具有市场稀缺性，随着资源的不断使用和减少，市场供需关系会推动资源的价格呈现出上升的趋势。资源价格的上升可能会产生两种结果，要么寻找可替代的新资源，要么提高资源的单位效率，这两个结果都需要进行技术创新，此时，清洁技术将成为技术创新的方向性选择，所以资源价格的变化对技术创新转轨有着非常重要的影响。

二、研究排放权交易制度的影响

研究重点是在市场自由竞争的条件下，采取确定排放产权并通过市场交易的方式，市场推动技术创新转轨和可持续发展的作用机制。排放权交易市场涉及国内交易和国际交易两个市场，现在市场上主要的排放权包括污染排放权和碳排放权两类。排放权交易参与的主体有政府部门、相关企业和金融投资者等。排放权交易本质上是通过产权的方式，促使肮脏技术企业对清洁技术企业给予补偿，间接促进技术创新转轨和减少排放，是一项直接有效的重要影响路径。

三、研究偏向性市场培育政策的影响

研究重点是通过清洁技术产品的市场培育，逐步扩大该类型企业的自生能力，进而促进技术转轨和可持续发展的作用机制。通过培育清洁技术产品的市场需求，诱导企业转向清洁技术研发和生产的一种有效手段。在初期，企业都集中于肮脏技术生产，对于清洁技术的研发可能会增加生产成本，未来市场的不确定性会使企业不敢盲目介入。清洁技术产品的使用可能需要配套基础设施的支撑，比如新能源发电的并网设施，新能源汽车的充电设施等。政府如果给予配套基础设施的资助，或者通过政策导向稳定清洁技术产品市场的预期，这些偏向性市场培育政策会极大地推动技术创新转轨的速度。

上述三个专题都是促进技术创新转轨及可持续发展的重要手段，政府对市场的影响程度逐步递增，但均以市场自由竞争机制为基础，在外部性的约束下为研究政府的环境税和偏向性政策该如何调整和优化。可耗竭资源价格主要基于资源的稀缺性，排放权交易是以科斯的产权理论为基础而产生了偏向性的支持效应，市场培育政策则从幼稚产业培育的角度引导产业发展方向。三个专题的研究内容，可以对不同实际情况的政府给予决策指导，有选择性地搭配使用政策工具，并协同发挥作用以实现政策目标。

第二节 可耗竭资源价格的影响

一、模型修正

模型分析引入可耗竭资源因素，这里为了突出分析重点，仅研究可耗竭资源价格的影响，而不考虑资源的产权属性，也没有研究资源所有者的利益最大化问题。可耗竭性资源指资源总量有限并不可能再生，所以资源的消耗会使资源存量发生动态变化，资源的使用量要进入生产函数并会额外产生成本。因此，在正式分析可耗竭资源价格的影响之前，需要在第二章中的模型架构上进行相应的修正。

首先，假设当期可耗竭资源存量减去当期资源消耗量即为下一期的资源存量，则资源存量的变动函数表示为

$$E_{t+1}=E_t-R_t \tag{3.1}$$

式中，E_t 和 R_t 分别表示在 t 期可耗竭资源总量和资源消耗量。同时要满足各期可耗竭性资源的消耗总量不超过初始资源存量的条件，即

$$\sum_{v=0}^{\infty} R_v \leqslant E_0 \tag{3.2}$$

其次，污染的来源是因为可耗竭性资源的消耗，比如石油、天然气、矿产等消耗均会产生环境污染，而太阳能、风能、潮汐能等可再生能源的使用则不会产生污染，各个国家的污染取决于可耗竭性资源的消耗量，实际上等价于肮脏技术部门可耗竭资源的使用量，这里为了重点分析可耗竭资源的影响，可以将式（2.10）调整为

$$S_{t+1} = (1+\delta)S_t - \xi R_t \tag{3.3}$$

再次，为了简化分析，假设可耗竭性资源使用仅发生在 d 部门，也可以理解为 d 部门相对于 c 部门额外使用的可耗竭性资源，或者 c 部门使用的都是可再生资源。所以，仅将 d 部门中间产品的生产函数（2.4）重新设定为

$$Y_{dt} = R_t^{\alpha_2} L_{dt}^{1-\alpha} \int_0^1 A_{dit}^{1-\alpha_1} x_{dit}^{\alpha_1} di \tag{3.4}$$

式中，$\alpha_1+\alpha_2=\alpha$，α_2 表示 R_t 对 d 部门产量的弹性系数，也代表了可耗竭资源对产出的贡献率。

最后，根据式（3.4）推断，当最终产品市场出清时，消费者总额要额外减去可耗竭资源使用产生的成本。为了简便分析，这里认为可耗竭资源市场是自由竞争的市场，资源的市场价格国内外没有差别，所以，资源的使用成本仅取决于资源的使用量，而与中间产品额进出口贸易无关。因此，消费者收支平衡的关系式（2.5）可修正为

$$C_t = \tilde{Y}_t - \psi(\int_0^1 x_{cit}di + \int_0^1 x_{dit}di) - p_{rt}(E_t)R_t \tag{3.5}$$

式中，p_{rt} 表示可耗竭资源的价格，等价于获取可耗竭资源的单位成本。因为可耗竭资源的稀缺性，根据可耗竭资源市场的供需关系，资源价格 p_{rt} 与资源存量 E_t 之间是负相关关系。

二、市场自由竞争与分散决策均衡

相对上章的模型框架，模型修正仅影响肮脏技术部门，清洁技术部门保持不变，所以这里从肮脏技术产品净出口和净进口的角度展开分析。当肮脏技术产品为净出口时，如果存在可耗竭资源的影响，肮脏技术中间产品生产企业的利润函数要额外减去资源购买成本，则可以根据式（2.14）调整为

$$\pi_{dt} = p_{dt}Y_{dt} - w_t L_{dt} - \int_0^1 p_{dit}x_{dit}di - \tau_{dt}^f p_{dt}\ell_{dt}Y_{dt} - p_{rt}R_t \tag{3.6}$$

企业利润最大化的资源投入量可根据最优化的公式 $d\pi_{dt}/dR_t=0$ 求解，因此，可以得到可耗竭资源的需求函数

$$p_{rt} = (1-\tau_{dt}^f \ell_{dt})p_{dt}\alpha_2 R_t^{\alpha_2-1}L_{dt}^{1-\alpha}\int_0^1 A_{dit}^{1-\alpha_1}x_{dit}^{\alpha_1}di \tag{3.7}$$

肮脏技术专业设备生产企业的设定和上章相同，仍然根据垄断厂商的计算公式，可以得到专业设备生产企业的供给函数为

$$x_{dit} = \left(\frac{(\alpha_1)^2}{\psi}(1-\tau_{dt}^f \ell_{dt})p_{dt}L_{dt}^{1-\alpha}R_t^{\alpha_2}\right)^{1/(1-\alpha_1)}A_{dit} \tag{3.8}$$

将式（3.8）代入式（3.7），结合式（2.7），即可得到专业设备生产企业也达到利润最大化时，肮脏技术产品生产企业对可耗竭性资源的需求函数

$$R_t = \left(\frac{\alpha_1^2}{\psi}\right)^{\frac{\alpha_1}{1-\alpha}}\left(\frac{p_{rt}}{A_{dt}\alpha_2}\right)^{\frac{1-\alpha_1}{1-\alpha}}[(1-\tau_{dt}^f \ell_{dt})p_{dt}]^{\frac{1}{1-\alpha}}L_{dt} \tag{3.9}$$

将式（3.8）和式（3.9）代入式（3.4），结合式（2.7），即可得到利润最大化时 d 部门中间产品企业的生产函数为

$$Y_{dt} = \left(\frac{\alpha_1^2}{\psi}\right)^{\frac{\alpha_1}{1-\alpha}} \left(\frac{A_{dt}\alpha_2}{p_{rt}}\right)^{\frac{1-\alpha_1}{1-\alpha}} [(1-\tau_{dt}^f \ell_{dt})p_{dt}]^{\frac{\alpha}{1-\alpha}} L_{dt} \quad (3.10)$$

根据专业设备企业的利润函数式（2.17），结合式（3.8）和式（2.28），即可得到所有肮脏技术专业设备企业的利润为

$$\pi_{dit} = (1-\alpha_1)\left(\alpha_1^{1+\alpha_1}\psi^{-\alpha_1}(1-\tau_{dt}^f \ell_{dt})p_{dt}R_t^{\alpha_2}L_{dt}^{1-\alpha}\right)^{\frac{1}{1-\alpha_1}} A_{dit} \quad (3.11)$$

将式（3.11）代入式（2.28）进行利润累加，并将式（2.6）代入后，即可得到肮脏技术专业设备行业的总利润，清洁技术专业设备行业的总利润不变，将式（2.29）用 $j=c$ 代入即可，将两种技术专业设备的行业总利润相比可得到

$$\frac{\Pi_{ct}}{\Pi_{dt}} = \frac{\eta_c\alpha(1-\alpha)\left((1-\tau_{ct}^f \ell_{ct})p_{ct}\right)^{1/(1-\alpha)} L_{ct} A_{ct-1}}{\eta_d(1-\alpha_1)\left(\alpha_1^{1+\alpha_1}\psi^{-\alpha_1}(1-\tau_{dt}^f \ell_{dt})p_{dt}R_t^{\alpha_2}L_{dt}^{1-\alpha}\right)^{\frac{1}{1-\alpha_1}} A_{dt-1}} \quad (3.12)$$

两部门中间产品企业对劳动要素支付工资相同，同样可以通过式（3.6）求得，即 $d\pi_{dt}/dL_{dt}=0$，则 d 部门中间产品的企业对劳动的需求函数，而 c 部门中间产品的企业对劳动的需求函数仍是式（2.23），因此，可以得到两部门中间产品的均衡价格之比为

$$\frac{p_{ct}}{p_{dt}} = \frac{(\alpha_1)^{2\alpha_1}(\alpha_2\psi)^{\alpha_2}(1-\tau_{dt}^f \ell_{dt})(A_{dt})^{(1-\alpha_1)}}{(p_{rt})^{\alpha_2}\alpha^{2\alpha}(1-\tau_{ct}^f \ell_{ct})(A_{ct})^{(1-\alpha)}} \quad (3.13)$$

将式（3.10）与 c 部门中间产品企业均衡产出式（2.21）相比，并将式（2.12）和式（3.13）代入即可求得两部门均衡时劳动的需求之比为

$$\frac{L_{ct}}{L_{dt}} = \left(\frac{1-\ell_{dt}}{1-\ell_{ct}}\right)\left(\frac{1-\tau_{ct}^f \ell_{ct}}{1-\tau_{dt}^f \ell_{dt}}\right)^\varepsilon \left(\frac{(p_{rt})^{\alpha_2}\alpha^{2\alpha}}{(\alpha_2\psi)^{\alpha_2}(\alpha_1)^{2\alpha_1}}\right)^{\varepsilon-1} \frac{(A_{ct})^{-\varphi}}{(A_{dt})^{-\varphi_1}} \quad (3.14)$$

最后，将式（3.9）、式（3.13）和式（3.14）代入式（3.12），并结合式（2.8），可以得到

$$\frac{\Pi_{ct}}{\Pi_{dt}} = \varpi \frac{(1-\ell_{dt})/(1-\tau_{dt}^f \ell_{dt})^\varepsilon}{(1-\ell_{ct})/(1-\tau_{ct}^f \ell_{ct})^\varepsilon} \frac{(p_{rt})^{\alpha_2(\varepsilon-1)}\eta_c(1+\gamma\eta_c s_{ct})^{-\varphi-1}(A_{ct-1})^{-\varphi}}{\eta_d(1+\gamma\eta_d s_{dt})^{-\varphi_1-1}(A_{dt-1})^{-\varphi_1}} \quad (3.15)$$

式中，$\varpi = \dfrac{(1-\alpha)\alpha}{(1-\alpha_1)\alpha_1^{(1+\alpha_2-\alpha_1)/(1-\alpha_1)}} \left(\dfrac{\alpha^{2\alpha}}{\psi^{\alpha_2}\alpha_1^{2\alpha_1}\alpha_2^{\alpha_2}} \right)^{\varepsilon-1}$，$\varphi_1 = (1-\alpha_1)(1-\varepsilon)$。

根据式（3.15）和命题 2.1 推断，在市场自由竞争的均衡下，对于进出口不同组合的四种类型国家，两部门中间产品的利润之比为

$$\frac{\Pi_{ct}}{\Pi_{dt}} = \varpi \frac{(p_{rt})^{\alpha_2(\varepsilon-1)}\eta_c(1+\gamma\eta_c s_{ct})^{-\varphi-1}(A_{ct-1})^{-\varphi}}{T_t\eta_d(1+\gamma\eta_d s_{dt})^{-\varphi_1-1}(A_{dt-1})^{-\varphi_1}} \quad （3.16）$$

式（3.16）表明，两部门中间产品生产的相对利润同时受到国际贸易因素和可耗竭资源价格的影响，其中该资源价格的上升会增加清洁技术生产的利润，而国际贸易因素的影响路径和命题 1 相同。可耗竭资源价格影响的程度还受到两个因素的影响。一是资源对产出的贡献率 α_2。α_2 越大，说明可耗竭资源对 d 部门中间产品的生产重要程度越高，价格上涨自然更大地增加了生产成本，间接增加了 c 部门中间产品生产的相对利润。反之，当 $\alpha_2=0$ 时，可耗竭性资源对产出函数没有影响，那么式（3.16）就等价于没有可耗竭资源的情况。二是两部门中间产品的替代弹性 ε。ε 越大，说明两部门中间产品的替代性越强，当可耗竭性资源价格增长时，更多的企业会选择用清洁技术替代肮脏技术生产。因此，这两个因素都会增加可耗竭资源价格变动促进企业技术创新转轨的影响程度。同时，因为可耗竭资源价格的影响，可以减缓国际贸易进出口相关因素推进可持续发展的压力。

为了促进技术创新转轨，国际贸易因素和可耗竭资源价格可以联合发挥协同作用，而国际贸易因素的影响将命题 2.1 根据式（3.16）进行调整即可。从式（3.16）可以发现，无论在开放经济条件下属于哪种进出口性质的国家，可耗竭资源价格的影响均相同，而且随着可耗竭资源越来越少，价格不断提高，直到高到一定程度后会停止资源的使用，而完全转向清洁技术的研发和生产。当然这是一种极端的情况，如果没有其他因素的影响，可能此时资源已近枯竭，所以并不能完全依靠市场机制的作用，需要其他政策因素配合，减缓资源的消耗，推动经济的可持续发展。如果在此极端情况下，环境还在承受的范围内没有出现灾乱，那么可耗竭资源价格的影响可以避免环境出现灾乱。因此，在市场自由竞争的条件下，要实现技术创新转轨和可持续发展的目标，不仅受到可耗竭资源价格的影响，还需要国际贸易相关因素及其他环境政策的影响。总之，可以将分析的结论

总结为命题 3.1。

命题 3.1：在市场自由竞争条件下，可耗竭性资源价格变动能够推动技术创新转向清洁技术方向，当环境承受能力足够高的时候能避免环境灾乱。可耗竭性资源价格可以与国际贸易相关因素发挥协同作用，且对不同进出口情况的国家影响相同，作用程度与可耗竭资源对肮脏技术产出的贡献率和两部门中间产品的替代弹性等因素正相关。

三、社会计划者与最优环境政策

如果将可耗竭资源价格因素引入模型，从社会计划者的角度研究最优环境政策，需要相应修正约束条件后，再根据目标函数构造拉格朗日函数，因此，根据模型框架的修正可以整理为

$$\max\left\{\sum_{t=0}^{\infty}\frac{u(C_t,S_t)}{(1+\rho)^t}\right\}$$

s.t. $\quad C_t = \widetilde{Y}_t - \psi\left(\int_0^1 x_{cit}di + \int_0^1 x_{dit}di\right) - p_{rt}(E_t)R_t$

$$\widetilde{Y}_t = \left[(1-\ell_{ct})Y_{ct}^{(\varepsilon-1)/\varepsilon} + (1-\ell_{dt})Y_{dt}^{(\varepsilon-1)/\varepsilon}\right]^{\varepsilon/(\varepsilon-1)}$$

$$Y_{ct} = L_{ct}^{1-\alpha}\int_0^1 A_{cit}^{1-\alpha}x_{cit}^{\alpha}di; \quad Y_{dt} = R_t^{\alpha_2}L_{dt}^{1-\alpha}\int_0^1 A_{dit}^{1-\alpha_1}x_{dit}^{\alpha_1}di$$

$$S_{t+1} = (1+\delta)S_t - \xi R_t$$

$$A_{jt} = (1+\gamma\eta_j s_{jt})A_{jt-1}$$

$$E_{t+1} = E_t - R_t$$

$$\sum_{v=0}^{\infty}R_v \leq E_0$$

令 $\widetilde{m}_t$ 和 v_t 分别为约束条件式（3.1）和式（3.2）的拉格朗日乘数，用拉格朗日函数对可耗竭资源消耗量取一阶导数等于零，即可以得到

$$\hat{p}_{dt}\alpha_2 R_t^{\alpha_2-1}L_{dt}^{1-\alpha}\int_0^1 A_{dit}^{1-\alpha_1}x_{dit}^{\alpha_1}di = \frac{\theta_{t+1}\xi + \widetilde{m}_t + v_t}{\lambda_t} + p_{rt}(E_t) \quad （3.17）$$

根据利润最大化原则，资源使用的边际收益等于资源的价格，根据式（3.17）的计算，边际成本不仅仅只有资源的价格，额外多出的成本即可认为是

资源消耗对环境的负外部性，即破坏环境产生的额外成本。因此，对肮脏技术部门额外征收资源税的税率为

$$h_t = \frac{\theta_{t+1}\xi + \tilde{m}_t + v_t}{\lambda_t p_{rt}} \qquad (3.18)$$

因为式（3.5）中 p_{rt} 是关于 E_t 的函数，而根据式（3.1）可知，$E_t = E_{t-1} - R_{t-1}$，可令 $\tilde{m}_{t-1}$ 为该式的拉格朗日乘数，即可与式（3.17）对比得到

$$\tilde{m}_t = \tilde{m}_{t-1} + \lambda_t R_t (dp_{rt}/dE_t) \qquad (3.19)$$

假设 $\tilde{m}_t \geq 0$，令 $m_t = \tilde{m}_t + v_t$，则根据式（3.19）可以得到

$$m_t = m_\infty - \sum_{v=t+1}^{\infty} \lambda_v R_v (dp_{rv}/dE_v) \qquad (3.20)$$

根据式（3.20）代入式（3.18）可以得到最优资源税税率为

$$h_t = \frac{1}{p_{rt}\partial u(C_t, S_t)/\partial C_t}\left((1+\rho)^t m_\infty + \sum_{v=t+1}^{\infty} \frac{[\xi(1+\delta)^{v-t-1} - dp_{rt}/dE_t]R_v \partial u(C_v, S_v)/\partial S_v}{(1+\rho)^{v-t}}\right)$$

$$(3.21)$$

式中，m_∞ 表示未来若干年后可耗竭资源的影子价格，如果 $m_\infty > 0$，说明资源税要持续征收，直到不使用可耗竭资源为止。根据需求定律可知 $dp_{rt}/dE_t < 0$，则式（3.21）右侧括号中的第二项会相对增加，所以，资源税相对于环境税而言，可耗竭资源价格因为资源的稀缺而提高价格，进而增加了肮脏技术的税收负担。从式（3.21）可以得到结论，无论环境质量水平如何，只要使用可耗竭资源都要征收资源税。

根据命题 2.5 的分析，当清洁技术相对于肮脏技术创新的外部收益较大时，则可以采取偏向清洁技术的研发资助。同样，运用上章的分析方式结合式（3.16），对于四种不同类型的国家而言，采用征收资源税和对清洁技术部门给予研发资助等政策工具时，可以求得两部门企业的利润之比为

$$\frac{\Pi_{ct}}{\Pi_{dt}} = \frac{(1+q_t)(1+h_t)^\varepsilon (p_{rt})^{\alpha_2(\varepsilon-1)} \varpi \eta_c (1+\gamma_c s_{ct})^{-\varphi-1}(A_{ct-1})^{-\varphi}}{T\eta_d (1+\gamma_d s_{dt})^{-\varphi_1-1}(A_{dt-1})^{-\varphi_1}} \qquad (3.22)$$

同样，当 $s_{ct}=0$，且 $\Pi_{ct}\Pi_{dt}>1$ 时，则能促使技术创新转轨，所以，根据式（3.22）可得，政府对清洁技术创新部门的研发资助范围为

$$q_t > \frac{T_t}{(1+h_t)^\varepsilon (p_{rt})^{\alpha_2(\varepsilon-1)}} \frac{\eta_d (A_{ct-1})^\varphi}{\varpi\eta_c (1+\gamma\eta_d)^{\varphi_1+1}(A_{dt-1})^{\varphi_1}} - 1 \tag{3.23}$$

从式（3.23）可知，研发资助、资源价格、资源税与国际进出口因素可以相互配合发挥协同作用。同样，存在国际贸易时可以将进口产品关税用于支付对清洁技术创新的资助，不足部分再由财政资金补足。综上所述，可以归纳总结为命题3.2。

命题3.2：在市场自由竞争的条件下，如果对可耗竭资源消耗征收资源税，那么最优税率会受到资源存量水平以及资源价格对资源存量变化的边际值等因素的影响。对于肮脏技术部门而言，资源税比环境税的税收负担更重，无论环境质量水平如何，只要在生产中使用可耗竭资源均可征资源税。可以运用可耗竭资源价格、资助清洁技术研发、征收资源税与国际贸易相关变量发挥协同作用，促进技术创新转轨并实现可持续发展。

第三节 排放权交易制度的影响

一、模型修正

随着经济全球化的发展，国际合作协调解决共同面临的问题是一种有效的方式，特别是面对环境破坏及气候变暖等问题，已经建立了较多的合作交流方式和交流平台。环境恢复和污染治理的国际合作主要是基于区域性领域的空气和水污染的治理，而温室气体排放问题则需要全球所有国家进行合作才能取得成效。碳排放权交易已经在很多国家开始运作，全球性的碳排放权交易市场还没有统一展开，但可以预期这只是时间的问题。本书将从排放权交易的角度来分析对技术创新转轨和可持续发展的影响。暂时先不考虑两部门中间产品国际贸易的问题，重点分析排放权交易的国际和国内两个市场的影响。王俊（2016）构建了一个封闭国家的内生增长模型分析这个问题，这里将在此基础上拓展，研究开放经济下碳排放权交易产生的影响。

排放权交易会对两部门中间产品生产厂商的利润产生影响，本质上是通过市场交易使得清洁技术部门将获得肮脏技术部门的补偿，诱导技术创新向清洁技术方向转轨。假设在开放经济条件下，存在着国内和国际两个排放权交易市场，国际交易市场相对于国内市场而言，可能会产生额外的交易成本，所以国内企业在额定排放权的条件下，需要交易的企业首先在国内市场进行交易，如果有余额或缺口再去国际市场上出售或购买。为了简便分析，这里假定清洁技术部门不产生排放，所有额定排放权全部用来出售，而肮脏技术部门使用额定排放权，在不够的条件下需要从国内和国际市场上购买。因此，两部门在实际排放权交易中有可能出现三种情况。

第一种情况，肮脏技术部门排放权缺口在国内市场上购买即可满足要求，这就意味着清洁技术部门排放权在国内市场出售后还有余额，剩余部分在国际市场上出售。因为排放权交易清洁技术部门会产生收益，而肮脏技术部门则会产生成本，可以设为

$$\begin{cases} Z_{ct} = \bar{p}_{ct}(\bar{o}_t - o_t)Y_{dt} + \bar{p}_{ct}^f[o_tY_{ct} - (\bar{o}_t - o_t)Y_{dt}] \\ Z_{dt} = \bar{p}_{dt}(\bar{o}_t - o_t)Y_{dt} \end{cases} \tag{3.24}$$

式中，Z_{ct} 和 Z_{dt} 表示在 t 期两部门碳排放权交易的收益，Z_{dt} 为负值表示实际上碳排放权交易发生的额外成本。$\bar{p}_{ct}$ 和 $\bar{p}_{dt}$ 表示在 t 期国内排放权交易市场上出售和购买排放权的单位价格，$\bar{p}_{dt}^f$ 表示在 t 期国际排放权交易市场的出售价格。o_t 表示在 t 期政府给所有企业单位产出的排放权额定系数，$\bar{o}_t$ 表示在 t 期肮脏技术部门单位产出的排放量系数。清洁技术部门不产生排放，该排放系数为零，在 t 期拥有可出售的排放权为 o_tY_{ct}，而肮脏技术部门需要购买排放权为 $(\bar{o}_t - o_t)Y_{dt}$。

第二种情况，肮脏技术部门在国内市场购买后排放权还存在缺口，剩余部分需要在国际市场上购买。同样，两部门的收益可以调整为

$$\begin{cases} Z_{ct} = \bar{p}_{ct}o_tY_{ct} \\ Z_{dt} = \bar{p}_{dt}o_tY_{ct} + \bar{p}_{dt}^f[(\bar{o}_t - o_t)Y_{dt} - o_tY_{ct}] \end{cases} \tag{3.25}$$

式中，$\bar{p}_{dt}^f$ 表示在 t 期国际排放权交易市场的购买价格。

第三种情况，肮脏技术部门额定排放权使用还有余额，两部门均在国际市场上出售剩余的排放权。同样，两部门的收益可以调整为

$$\begin{cases} Z_{ct} = \bar{p}_{ct}^fo_tY_{ct} \\ Z_{dt} = \bar{p}_{dt}^f(o_t - \bar{o}_t)Y_{ct} \end{cases} \tag{3.26}$$

另外，需要对环境质量函数进行修正。排放权交易是一种强制性的减排方

式，会对环境恢复产生影响。控制排放权额定系数 o_t 是政府减少排放的重要手段，该系数变小则会减少排放。为了去掉肮脏技术部门绝对排放量的影响，这里选择用相对值 $o_t / \bar{o}_t$ 表示政策对额定排放权控制的影响变量。所以，环境质量函数可将（3.11）修正为

$$S_{t+1} = (1+\delta)S_t - (o_t / \bar{o}_t)^\sigma \xi Y_{dt} \qquad （3.27）$$

式中，σ 表示排放权配额系数相对单位产出排放系数的比对于环境破坏的弹性系数，反映了碳排放配额系数对于环境的影响程度。

二、市场自由竞争与分散决策均衡

根据第一种情况两部门收益的设定，实际上可表示为 $\bar{o}_t > o_t$ 且 $o_t Y_{ct} > (\bar{o}_t - o_t)Y_{dt}$，这意味着政府额定的排放权系数相对偏高，一方面是肮脏技术部门需要购买的排放权较少，另一方面是清洁技术部门排放权较多。为了简化分析，关于两部门中间产品进出口贸易因素在这里暂时不作分析，该因素的影响可以和上文一样，在此分析结论的基础上用 T_t 值进行调整即可。

根据式（3.24），两部门中间产品生产的利润需要分别加上排放权交易额外产生的收益 Z_{ct} 和 Z_{dt}，函数 π_{jt} 调整为

$$\begin{cases} \pi_{ct} = (p_{ct} + \bar{p}_{ct}^f o_t)Y_{ct} - w_t L_{ct} - \int_0^1 p_{cit} x_{cit} di + (\bar{p}_{ct} - \bar{p}_{ct}^f)(\bar{o}_t - o_t)Y_{dt} \\ \pi_{dt} = [p_{dt} - \bar{p}_{dt}(\bar{o}_t - o_t)]Y_{dt} - w_t L_{dt} - \int_0^1 p_{dit} x_{dit} di \end{cases} \qquad （3.28）$$

首先，根据利润最大化的求解公式，将式（3.28）运算 $d\pi_{jt}/dx_{jit}=0$，并根据专业设备完全垄断假设的结论 $p_{jit}^*=\alpha$，求得两部门专业技术设备的需求函数为

$$\begin{cases} x_{cit} = \left(p_{ct} + \bar{p}_{ct}^f o_t\right)^{\frac{1}{1-\alpha}} A_{cit} L_{ct} \\ x_{dit} = \left(p_{dt} - \bar{p}_{dt}(\bar{o}_t - o_t)\right)^{\frac{1}{1-\alpha}} A_{dit} L_{dt} \end{cases} \qquad （3.29）$$

将式（3.29）代入两部门专业设备利润函数 $\pi_{jit}=(p_{jit}-\psi)x_{jit}$，并根据式（2.28）进行累加，其中 $\psi=\alpha^2$，即可以得到两部门专业设备利润之比为

$$\frac{\Pi_{ct}}{\Pi_{dt}} = \frac{\eta_c}{\eta_d} \left(\frac{p_{ct} + \bar{p}_{ct}^f o_t}{p_{dt} - \bar{p}_{dt}(\bar{o}_t - o_t)}\right)^{\frac{1}{1-\alpha}} \frac{L_{ct}}{L_{dt}} \frac{A_{ct-1}}{A_{dt-1}} \qquad （3.30）$$

其次，将式（3.29）代入相应的生产函数式（2.4）并相除，可以得到两部门

中间产品最优产出之比为

$$\frac{Y_{ct}}{Y_{dt}} = \left(\frac{p_{ct} + \bar{p}_{ct}^f o_t}{p_{dt} - \bar{p}_{dt}(\bar{o}_t - o_t)}\right)^{\frac{\alpha}{1-\alpha}} \frac{L_{ct}}{L_{dt}} \frac{A_{ct}}{A_{dt}} \qquad (3.31)$$

将两部门生产函数式（2.4）代入式（3.28），再运算 $d\pi_{jt}/dL_{jit}=0$，可以得到

$$\frac{p_{ct} + \bar{p}_{ct}^f o_t}{p_{dt} - \bar{p}_{dt}(\bar{o}_t - o_t)} = \left(\frac{A_{ct}}{A_{dt}}\right)^{-(1-\alpha)} \qquad (3.32)$$

将式（3.32）和式（2.13）代入式（3.31）可以得到

$$\frac{L_{ct}}{L_{dt}} = \left(\frac{p_{ct}}{p_{dt}}\right)^{-\varepsilon} \left(\frac{A_{ct}}{A_{dt}}\right)^{-(1-\alpha)} \qquad (3.33)$$

最后，将式（3.32）、式（3.33）代入式（3.31）可以得到

$$\frac{\Pi_{ct}}{\Pi_{dt}} = \frac{\eta_c}{\eta_d} \left(\frac{1 + (\bar{p}_{ct}^f / p_{ct})o_t}{1 - (\bar{p}_{dt} / p_{dt})(\bar{o}_t - o_t)}\right)^{\varepsilon} \left(\frac{1 + \gamma\eta_c s_{ct}}{1 + \gamma\eta_d s_{dt}}\right)^{-(\varphi+1)} \left(\frac{A_{ct-1}}{A_{dt-1}}\right)^{-\varphi} \qquad (3.34)$$

从上式可知，排放权交易主要有三类因素会影响两部门专业设备生产的相对利润。

第一类是价格因素。一是在国内排放权交易市场上，肮脏技术部门购买排放权相对于肮脏技术产品的价格（$\bar{p}_{dt}/p_{dt}$），该值越高，说明排放权交易产生的额外成本越高，降低了肮脏技术设备生产的利润；二是在国际排放权交易市场上，清洁技术部门出售排放权相对于清洁技术产品的价格（$\bar{p}_{ct}^f/p_{ct}$），该值越高说明增加了排放权交易产生的额外收益。这里没有显示清洁技术部门国内市场排放权出售价格的影响，因为肮脏技术部门在国内市场对排放权购买资金全部流向了清洁技术部门，额外的影响在于国际市场上的出售价格。

第二类是排放权因素。一是政府给予企业的排放权额定系数（o_t）。额定系数越大即排放权越大，对于清洁技术部门而言表示可出售的排放权越多，但对于肮脏技术部门而言表示需要购买的排放权越少，如果只有国内市场，那么排放权的价格就会下降，所以排放权配额要适度。二是肮脏技术污染物排放系数（$\bar{o}_t$）。这个系数越大，当然肮脏技术部门投入在排放权交易的成本越高，有利于技术创新转轨。

第三类是相关参数。式中，ε 和 α 是两个重要的影响参数。这两个参数不仅和前文一样，能影响均衡状态时是否能实现可持续发展，ε 还影响两部门专业设备生产的利润大小。

如果排放权交易能够促使技术创新转轨，必然要求清洁技术部门的利润要相对高一些，即 $\Pi_{ct}/\Pi_{dt}>1$。因此，如果初始状态 $s_{ct}=0$，要促进技术创新转轨，根据式（3.33）可得到必须满足的条件

$$\left(\frac{1+(\bar{p}_{ct}^{f}/p_{ct})o_t}{1-(\bar{p}_{dt}/p_{dt})(\bar{o}_t-o_t)}\right)^{\varepsilon}>\frac{\eta_d}{\eta_c\left(1+\gamma\eta_d\right)^{\varphi+1}}\left(\frac{A_{ct-1}}{A_{dt-1}}\right)^{\varphi}\qquad(3.35)$$

政府可以首先根据国际排放权分配额度和减排计划来确定 o_t，然后根据国际市场上的排放权价格 $\bar{p}_{ct}^{f}$ 来调控国内市场购买价格 $\bar{p}_{dt}$，即可使式（3.35）成立，调控 $\bar{p}_{dt}$ 的方式可以通过中介金融机构购买和出售排放权的方式实现。根据前文的计算方式，可以得到均衡时肮脏技术部门的均衡产量的增长率等价于 $A_{ct}^{\alpha+\varphi}$ 的增长率，因此，可以通过控制排放权交易来促使技术创新转轨，但是并不改变可持续发展的路径，能否通过技术创新转轨实现可持续发展仍然受到弹性系数 ε 和 α 的影响，影响程度和前面一致。

根据上述分析的过程，同样可以推导出另外两种情况的主要结论。第二种情况可表示为 $\bar{o}_t>o_t$ 且 $o_tY_{ct}<(\bar{o}_t-o_t)Y_{dt}$，根据式（3.25）将两部门专业设备生产的利润函数调整为

$$\begin{cases}\pi_{ct}=(p_{ct}+\bar{p}_{ct}o_t)Y_{ct}-w_tL_{ct}-\int_0^1 p_{cit}x_{cit}di\\\pi_{dt}=[p_{dt}-\bar{p}_{dt}^{f}(\bar{o}_t-o_t)]Y_{dt}-w_tL_{dt}-\int_0^1 p_{dit}x_{dit}di-(\bar{p}_{dt}^{f}-\bar{p}_{dt})o_tY_{dt}\end{cases}\qquad(3.36)$$

根据同样的计算方法，可以得到两部门专业设备生产的相对利润为

$$\frac{\Pi_{ct}}{\Pi_{dt}}=\frac{\eta_c}{\eta_d}\left(\frac{1+(\bar{p}_{ct}/p_{ct})o_t}{1-(\bar{p}_{dt}^{f}/p_{dt})(\bar{o}_t-o_t)}\right)^{\varepsilon}\left(\frac{1+\gamma\eta_c s_{ct}}{1+\gamma\eta_d s_{dt}}\right)^{-(\varphi+1)}\left(\frac{A_{ct-1}}{A_{dt-1}}\right)^{-\varphi}\qquad(3.37)$$

这种情况与第一种情况相比，主要区别在于价格影响发生了变化：一是国内排放权交易市场上，变成了清洁技术部门出售排放权相对于清洁技术产品的价格（$\bar{p}_{ct}/p_{ct}$）；二是国际排放权交易市场上，变成了肮脏技术部门购买排放权相对于购买技术产品的价格（$\bar{p}_{dt}^{f}/p_{dt}$）。

第三种情况可表示为 $\bar{o}_t<o_t$，两部门均在国际市场上出售碳排放权，根据式（3.26）将两部门专业设备生产的利润函数调整为

$$\begin{cases}\pi_{ct}=(p_{ct}+\bar{p}_{ct}^{f}o_t)Y_{ct}-w_tL_{ct}-\int_0^1 p_{cit}x_{cit}di\\\pi_{dt}=[p_{dt}+\bar{p}_{dt}^{f}(o_t-\bar{o}_t)]Y_{dt}-w_tL_{dt}-\int_0^1 p_{dit}x_{dit}di\end{cases}\qquad(3.38)$$

根据同样的计算方法，可以得到两部门专业设备生产的相对利润为

$$\frac{\Pi_{ct}}{\Pi_{dt}} = \frac{\eta_c}{\eta_d}\left(\frac{1+(\bar{p}_{ct}^f / p_{ct})o_t}{1+(\bar{p}_{dt}^f / p_{dt})(o_t - \bar{o}_t)}\right)^{\varepsilon}\left(\frac{1+\gamma\eta_c s_{ct}}{1+\gamma\eta_d s_{dt}}\right)^{-(\varphi+1)}\left(\frac{A_{ct-1}}{A_{dt-1}}\right)^{-\varphi} \quad (3.39)$$

这种情况特点是不存在国内市场交易，肮脏技术部门也有剩余排放权，能够在国际排放交易中获得收益。此时，不仅没有限制肮脏技术部门的生产，反而鼓励了生产，只有当 $\Pi_{ct}/\Pi_{dt}>1$ 时才能促使技术创新转轨，但是不能阻止肮脏技术产品的持续生产。

另外，如果排放权交易在国内市场上两部门交易刚好出清，就有可能不产生国际排放权交易，那么这时就等价于封闭经济条件的结论。该情况可表示为 $\bar{o}_t>o_t$ 且 $o_t Y_{ct}=(\bar{o}_t-o_t)Y_{dt}$，根据王俊（2016）的分析，可以得到两部门的相对利润函数为

$$\frac{\Pi_{ct}}{\Pi_{dt}} = \frac{\eta_c}{\eta_d}\left(\frac{1+(\bar{p}_{ct} / p_{ct})o_t}{1-(\bar{p}_{dt} / p_{dt})(\bar{o}_t - o_t)}\right)^{\varepsilon}\left(\frac{1+\gamma\eta_c s_{ct}}{1+\gamma\eta_d s_{dt}}\right)^{-(\varphi+1)}\left(\frac{A_{ct-1}}{A_{dt-1}}\right)^{-\varphi} \quad (3.40)$$

此时，因为没有国际排放权交易市场，清洁技术部门的相对利润取决于国内市场的买卖价格。

比较这四种情况，关键的区别在于受到不同排放权交易价格的影响，结合式（3.35）可以归纳为命题3.3。

命题3.3：在市场自由竞争的条件下，政府可以通过控制排放权配额系数及市场交易价格来调控排放权交易的影响。排放权交易如果按先国内再国际的顺序进行，控制过程可以分步骤进行：首先根据国际排放权配合和国内减排总体要求，调整排放权配额系数；其次根据国际和国内排放权交易市场价格，通过市场干预调整国内排放权交易市场价格。当控制能使得 $\eta_c\Phi_t^{\varepsilon}>\eta_d(1+\gamma\eta_d)^{-(\varphi+1)}(A_{ct-1}/A_{dt-1})^{\varphi}$ 条件满足时，技术创新就会向清洁技术方向转轨。其中

$$\Phi_t = \begin{cases} \dfrac{1+(\bar{p}_{ct}^f / p_{ct})o_t}{1-(\bar{p}_{dt} / p_{dt})(\bar{o}_t - o_t)}, & \text{当}\,\bar{o}_t > o_t\,\text{且}\,o_t Y_{ct} > (\bar{o}_t - o_t)Y_{dt} \\[3mm] \dfrac{1+(\bar{p}_{ct} / p_{ct})o_t}{1-(\bar{p}_{dt}^f / p_{dt})(\bar{o}_t - o_t)}, & \text{当}\,\bar{o}_t > o_t\,\text{且}\,o_t Y_{ct} < (\bar{o}_t - o_t)Y_{dt} \\[3mm] \dfrac{1+(\bar{p}_{ct} / p_{ct})o_t}{1-(\bar{p}_{dt} / p_{dt})(\bar{o}_t - o_t)}, & \text{当}\,\bar{o}_t > o_t\,\text{且}\,o_t Y_{ct} = (\bar{o}_t - o_t)Y_{dt} \\[3mm] \dfrac{1+(\bar{p}_{ct}^f / p_{ct})o_t}{1+(\bar{p}_{dt}^f / p_{dt})(o_t - \bar{o}_t)}, & \text{当}\,\bar{o}_t < o_t \end{cases}$$

实际上，只要存在着排放权交易，就说明肮脏技术生产在进行，污染排放和环境破坏仍在发生，所以这只是一项辅助性和长期性政策。只有当 $\overline{o}_t = 0$ 时，即肮脏技术生产全部转向清洁技术生产，生产不产生排放则排放配额就没有意义了。观察不同情况下排放权交易的影响系数 Φ_t 可以发现，对于政府而言，为了减少排放，把排放权配额系数降为零，也不会去掉排放权交易的影响，这意味着政府即使不给任何的排放权，也不能阻止肮脏技术部门的生产行为，如果要避免环境灾乱，必须持续性运用排放权交易政策并配合其他政策，使得生产全部转向清洁技术生产才能退出。

三、社会计划者与最优环境政策

为了重点研究排放权交易因素对政策的影响，可以简化分析，假设不考虑中间产品进行国际贸易的影响，则最终产品函数可以根据式（2.1）调整为

$$Y_t = \left(\sum_{j=c,d} Y_{jt}^{(\varepsilon-1)/\varepsilon} \right)^{\varepsilon/(\varepsilon-1)} \tag{3.41}$$

当市场出清时，国际排放权交易使得国内消费者消费函数会发生改变，即

$$C_t = Y_t - \psi \left(\int_0^1 x_{cit} di + \int_0^1 x_{dit} di \right) + (z_{ct} - z_{dt}) \tag{3.42}$$

根据目标函数及约束条件，可以归纳为

$$\max \left\{ \sum_{t=0}^{\infty} \frac{u(C_t, S_t)}{(1+\rho)^t} \right\}$$

s. t.

$$C_t = Y_t - \psi \left(\int_0^1 x_{cit} di + \int_0^1 x_{dit} di \right) + (z_{ct} - z_{dt})$$

$$Y_t = \left[Y_{ct}^{(\varepsilon-1)/\varepsilon} + Y_{dt}^{(\varepsilon-1)/\varepsilon} \right]^{\varepsilon/(\varepsilon-1)}$$

$$Y_{ct} = L_{ct}^{1-\alpha} \int_0^1 A_{cit}^{1-\alpha} x_{cit}^{\alpha} di; \quad Y_{dt} = L_{dt}^{1-\alpha} \int_0^1 A_{dit}^{1-\alpha} x_{dit}^{\alpha} di$$

$$S_{t+1} = (1+\delta)S_t - (o_t / \overline{o}_t)^{\sigma} \xi Y_{dt}$$

$$A_{jt} = (1+\gamma \eta_j s_{jt}) A_{jt-1}$$

根据上述方程求解可知消费的影子价格 λ_t 和技术创新的影子价格 θ_t 均不变，关键是环境负外部性的变化，可以用同样的方式计算得到

$$\hat{p}_{ct} = Y_{ct}^{-1/\varepsilon} \left[Y_{ct}^{(\varepsilon-1)/\varepsilon} + Y_{dt}^{(\varepsilon-1)/\varepsilon} \right]^{1/(\varepsilon-1)} + \frac{dz_{ct}}{dY_{ct}}$$

$$\hat{p}_{dt} = Y_{dt}^{-1/\varepsilon} \left[Y_{ct}^{(\varepsilon-1)/\varepsilon} + Y_{dt}^{(\varepsilon-1)/\varepsilon} \right]^{1/(\varepsilon-1)} - \frac{dz_{dt}}{dY_{dt}} - \frac{\theta_{t+1}(o_t / \bar{o}_t)^{\sigma} \xi}{\lambda_t} \qquad (3.43)$$

根据式（3.43），可得到两部门环境外部性影子价格的净值，即可求出环境税的税率为

$$\kappa_t = \frac{\theta_{t+1}(o_t / \bar{o}_t)^{\sigma} \xi}{\hat{p}_{dt}\lambda_t} \qquad (3.44)$$

相对而言，环境税与排放权交易情况无关，主要影响因素来自减排额占总排放的比例 $o_t / \bar{o}_t$ 及该值对环境的影响系数 σ 两方面，$o_t / \bar{o}_t$ 值越大，说明排放权越大，那么对肮脏技术部门的影响越小，环境税应该越高，两者是正相关关系，而 σ 越大说明排放对环境的破坏程度越大，环境税也应该越高，两者也是正相关关系，式（3.44）可以表示正相关的相关程度。将反映影子价格的式（2.82）和式（2.83）代入式（3.44）即可得到环境税的值为

$$\kappa_t = \frac{(o_t / \bar{o}_t)^{\sigma} \xi}{\hat{p}_{dt}\partial u(C_t, S_t) / \partial C_t} \sum_{v=t+1}^{\infty} \frac{(1+\delta)^{v-t-1} \partial u(C_v, S_v) / \partial S_v}{(1+\rho)^{v-t}} \qquad (3.45)$$

同样，如果根据环境负外部性和技术创新的正外部性的条件，给予相应清洁技术部门资助和肮脏技术部门征税，则可以得到两部门利润之比为

$$\frac{\Pi_{ct}}{\Pi_{dt}} = (1+q_t)[(1+\kappa_t)\Phi]^{\varepsilon} \frac{\eta_c}{\eta_d} \left(\frac{1+\gamma\eta_c s_{ct}}{1+\gamma\eta_d s_{dt}} \right)^{-(\varphi+1)} \left(\frac{A_{ct-1}}{A_{dt-1}} \right)^{-\varphi} \qquad (3.46)$$

若初始情况技术研发人员全部集中在肮脏技术部门，则 $s_{ct}=0$，此时，必须满足式（3.46）的结果大于1，即清洁技术部门的利润相对高一些时，技术人员会逐步转向清洁技术部门，则清洁技术部门的资助与肮脏技术部门的税收关系为

$$q_t > \frac{\eta_d}{\eta_c (1+\gamma\eta_d)^{(\varphi+1)}[(1+\kappa_t)\Phi]^{\varepsilon}} \left(\frac{A_{ct-1}}{A_{dt-1}} \right)^{\varphi} - 1 \qquad (3.47)$$

其中税收由式（3.44）确定，如果 $q_t=0$，即不存在清洁技术部门资助，式（3.46）已经大于1时，就不再需要对清洁技术部门资助，则此时环境税的取值为

$$\kappa_t > \frac{\eta_d}{\eta_c \left(1 + \gamma \eta_d\right)^{(\varphi+1)/\varepsilon} \Phi} \left(\frac{A_{ct-1}}{A_{dt-1}}\right)^{\varphi/\varepsilon} - 1 \qquad （3.48）$$

所以环境税由式（3.46）决定，排放权交易影响 Φ 值，有可能使得式（3.48）成立，此时，则不需要对清洁技术部门给予资助，如果式（3.48）不成立，则根据式（3.47）给予资助，促使研发人员不断转向清洁技术部门，实现技术创新转轨。因此，综上所述，可以将结论归纳为命题3.4。

命题3.4：在市场自由竞争的条件下，基于环境负外部性得到的环境税与排放权交易情况无关，而是取决于肮脏技术部门排放权占排放总量的比值，以及该比值对环境破坏的影响系数，且均为正相关关系。当初始技术研发全部集中在肮脏技术部门时，如果排放权交易使得环境税满足一定的条件（式（3.48）成立），则环境税能促使技术创新向清洁技术方向转轨，否则，环境税不能促使技术创新转轨，此时，则需要对清洁技术部门给予研发资助政策配合才能实现技术创新转轨目标。

四、可耗竭资源的影响

研究排放权交易对技术创新转轨的影响时，如果引入可耗竭资源因素，那么在分析之前，首先，需要根据第三章第二节的假设进行相应的模型修正。其中两部门中间生产函数、资源变动函数、环境质量函数均不变，消费者的总消费函数式（3.42）修正为

$$C_t = Y_t - \psi \left(\int_0^1 x_{cit} di + \int_0^1 x_{dit} di\right) + (z_{ct} - z_{dt}) - p_{rt}(E_t) R_t \qquad （3.49）$$

然后，根据前文分散决策经济的分析过程，可以得到两部门专业技术设备生产最大利润之比为

$$\frac{\Pi_{ct}}{\Pi_{dt}} = \frac{\varpi (p_{rt})^{\alpha_2(\varepsilon-1)} (\Phi_t)^\varepsilon \eta_c (1 + \gamma \eta_c s_{ct})^{-\varphi-1} (A_{ct-1})^{-\varphi}}{\eta_d (1 + \gamma \eta_d s_{dt})^{-\varphi_1-1} (A_{dt-1})^{-\varphi_1}} \qquad （3.50）$$

式中，$\varpi = \dfrac{(1-\alpha)\alpha}{(1-\alpha_1)\alpha_1^{(1+\alpha_2-\alpha_1)/(1-\alpha_1)}} \left(\dfrac{\alpha^{2\alpha}}{\psi^{\alpha_2} \alpha_1^{2\alpha_1} \alpha_2^{\alpha_2}}\right)^{\varepsilon-1}$ ，$\varphi_1 = (1-\alpha_1)(1-\varepsilon)$。与式（3.16）

相比，排放权交易对两部门利润之比的影响仍然取决于 $(\Phi_t)^\varepsilon$，而可耗竭性资源的影响与前文分析相同，此时，可耗竭资源价格与排放权交易可以联合发挥作用。

若初始情况技术研发全部集中在肮脏技术部门时，即 $s_{ct}=0$，只有当此时两部门利润之比大于 1 时，才能促使技术创新向清洁技术部门转轨，所以，需要满足条件

$$\Phi_t^{\varepsilon} > \frac{\eta_d (A_{ct-1})^{\varphi}}{(p_{rt})^{\alpha_2(\varepsilon-1)} \varpi \eta_c (1+\gamma \eta_d)^{\varphi_1+1} (A_{dt-1})^{\varphi_1}} \qquad (3.51)$$

对比命题 3.3 的结论，可耗竭资源的影响主要从式（3.52）中右侧分母的因素产生影响：一是可耗竭资源的价格效应，即 $(p_{rt})^{\alpha_2(\varepsilon-1)}$，该值为正；二是额外的外生参数 ϖ，该值为正；三是对肮脏技术部门技术创新及上期技术积累的影响程度，即 $\varphi \to \varphi_1$ 使得该参数数值变大。这三个方面影响均源于可耗竭资源，都会使式（3.51）右侧的值下降，即有效地减少了排放权交易促进技术创新转轨的负担。

最后，当式（3.51）不能成立时，则需要社会计划者采取环境政策给予干预，从肮脏技术部门负外部性的角度计算资源税的数值，可以采用前述的计算方式，将目标函数和约束条件归纳为

$$\max \left\{ \sum_{t=0}^{\infty} \frac{u(C_t, S_t)}{(1+\rho)^t} \right\}$$

s.t.
$$C_t = Y_t - \psi \left(\int_0^1 x_{cit} di + \int_0^1 x_{dit} di \right) + (z_{ct} - z_{dt}) - p_{rt}(E_t) R_t$$

$$Y_t = \left[Y_{ct}^{(\varepsilon-1)/\varepsilon} + Y_{dt}^{(\varepsilon-1)/\varepsilon} \right]^{\varepsilon/(\varepsilon-1)}$$

$$Y_{ct} = L_{ct}^{1-\alpha} \int_0^1 A_{cit}^{1-\alpha} x_{cit}^{\alpha} di; \qquad Y_{dt} = R_t^{\alpha_2} L_{dt}^{1-\alpha} \int_0^1 A_{dit}^{1-\alpha_1} x_{dit}^{\alpha_1} di$$

$$S_{t+1} = (1+\delta) S_t - \xi R_t$$

$$A_{jt} = (1 + \gamma \eta_j s_{jt}) A_{jt-1}$$

$$E_{t+1} = E_t - R_t$$

$$\sum_{v=0}^{\infty} R_v \leq E_0$$

因为环境质量函数没有变化，运用前文同样的计算方式，通过肮脏技术部门外部性的计算，可以得到资源税 h_t 不发生变化，仍可用式（3.21）表示，同样，在征收资源税的条件下，如果满足清洁技术创新资助的条件，可以得到两部门专

业设备制造的最大利润之比为

$$\frac{\Pi_{ct}}{\Pi_{dt}} = \frac{(1+q_t)[(1+h_t)\Phi_t]^\varepsilon (p_{rt})^{\alpha_2(\varepsilon-1)} \varpi \eta_c (1+\gamma\eta_c s_{ct})^{-\varphi_1-1}(A_{ct-1})^{-\varphi}}{\eta_d (1+\gamma\eta_d s_{dt})^{-\varphi_1-1}(A_{dt-1})^{-\varphi_1}} \qquad (3.52)$$

同样，若初始情况技术研发全部集中在肮脏技术部门时，即 $s_{ct}=0$，只有当此时两部门利润之比大于 1 时，才能促使技术创新向清洁技术部门转轨，所以，根据式（3.52）可以得到

$$q_t > \frac{\eta_d (A_{ct-1})^\varphi}{[(1+h_t)\Phi_t]^\varepsilon (p_{rt})^{\alpha_2(\varepsilon-1)} \varpi \eta_c (1+\gamma\eta_d)^{\varphi_1+1}(A_{dt-1})^{\varphi_1}} - 1 \qquad (3.53)$$

对比式（3.23），排放权交易降低了清洁技术部门研发资助的门槛值，如果 $q_t=0$，即不存在清洁技术部门资助，式（3.52）已经大于 1 时，就不再需要对清洁技术部门资助，则此时排放权交易影响要素的取值为

$$\Phi_t^\varepsilon > \frac{\eta_d (A_{ct-1})^\varphi}{(1+h_t)^\varepsilon (p_{rt})^{\alpha_2(\varepsilon-1)} \varpi \eta_c (1+\gamma\eta_d)^{\varphi_1+1}(A_{dt-1})^{\varphi_1}} \qquad (3.54)$$

其中资源税由式（3.21）决定，排放权交易影响 Φ 值能使得式（3.54）成立，此时，则不需要对清洁技术部门给予资助，如果式（3.54）不成立，则根据式（3.53）给予资助，促使研发人员不断转向清洁技术部门，实现技术创新转轨。将式（3.54）与式（3.51）比较可以发现，资源税同样降低了排放权交易的负担，能够发挥促进技术创新的协同作用。因此，综上所述，可以将结论归纳为命题 3.5。

命题 3.5：在市场自由竞争的条件下，排放权交易的影响满足一定的条件时式（3.51）成立，可耗竭资源价格及相关参数的变化能促进技术创新向清洁技术方向转轨。如果式（3.51）不能成立但式（3.54）成立时，则资源税能发挥促进技术创新转轨的协同作用。如果式（3.54）不成立，则还需要对清洁技术部门的研发给予资助才能实现技术创新转轨。

第四节　偏向性市场培育政策的影响

一、模型修正

偏向性市场培育政策是指为了培育清洁技术产品市场而制定的一系列政策，

主要从两个方面展开研究。一是直接性的偏向性市场培育政策。主要从供给和需求两个维度直接作用清洁技术产品市场的政策，通过价格补贴降低市场价格、政府采购增加产品需求、财政补贴降低生产成本等途径，扩大清洁技术产品的市场份额。这方面政策能提高企业的自生能力，能够发挥培育清洁技术产品市场的作用。二是间接性的偏向性市场培育政策。主要是通过政策宣传引导公众参与，改变消费者的消费偏好，提高消费者对环境保护的参与度，增强消费者对清洁技术产品的需求量。这方面政策会改变人们的生活和消费习惯，能够永久性固化清洁技术产品市场。这两方面的政策都具有培育清洁技术产品市场的作用，均能推动技术创新向清洁技术方向转轨，促进经济增长和环境恢复。这部分的分析主要基于第二章中的基准模型展开，再推断其他几种情况。所以，模型的假设是基于基准模型的修正。另外，王俊（2015）分析了封闭经济条件下的市场培育政策影响，这里也是在其基础上的拓展性研究。

（一）模型从第一个角度进行修正

因考虑研究重点是对清洁技术产品市场的培育，则假设肮脏技术部门不受影响，偏向性政策作用只是影响了清洁技术产品部门。

一是政府可能会采取价格补贴的方式，提高清洁技术产品的市场竞争力。清洁技术产品需要投入高额的研发成本，初始条件下市场份额较低，而导致清洁技术产品平均成本较高，使得市场价格会很高，而且技术也不太成熟，因此，无法和价格低技术成熟的肮脏技术产品竞争。政府为了从长远布局，会采取价格补贴的方式，价格补贴方式可以是对生产者销售补贴或者消费者购买补贴，可以统一对清洁技术产品的价格补贴制度。价格补贴实际上是在市场价格的基础上增加了清洁技术产品的利润，可以假设为

$$\tilde{p}_{ct} = (1 + g_{1t})p_{ct} \tag{3.55}$$

式中，$\tilde{p}_{ct}$ 和 p_{ct} 分别表示在 t 时期清洁技术产品受到政府补贴后的销售价格和没有政府补贴由市场供需确定的价格，g_{1t} 表示在 t 时期政府对清洁技术价格补贴的比例，实际产品价格补贴为 $g_{1t}p_{ct}$，因为补贴不可能为负，所以必须满足 $g_{1t}>0$。

二是政府通过直接干预清洁技术产品市场需求的方式，扩大清洁技术产品的市场份额。最简单的是通过政策直接采购的方式，比如对新能源汽车的直接购买。这种方式实际上与扩大对外出口有同样的效果，因此，基于两部门均为净进

口的情况，清洁技术产品的市场份额可在式（2.3）的基础上修正为

$$\widetilde{Y}_{ct} = (1 + g_{2t})(1 - \ell_{ct})Y_{ct} \tag{3.56}$$

式中，g_{2t} 表示在 t 时期政府直接购买使得市场份额增加的比例，同样必须满足 $g_{2t} > 0$，则 $g_{2t}(1 - \ell_{ct})Y_{ct}$ 表示政府直接购买政策实施后的市场销售增量。

三是政府支持清洁技术产品所需要的配套基础设施建设，可以降低生产者的成本，提高产品竞争力。比如电动汽车配套充电桩的建设，政府可以相应给予政策支持，同样可以促进产品的市场销售。

$$N_{ct} = g_{3t}(1 - \ell_{ct})p_{ct}Y_{ct} \tag{3.57}$$

另外，从降低成本的角度看，如果肮脏技术生产部门和清洁技术生产部门的人工工资不一致，相对而言，肮脏技术部门生产环境相对恶劣，政府规定或工会争取等各方面因素导致肮脏技术部门要支付更高水平的工资，这将增加肮脏技术部门的成本而限制生产，同样也可以假设两部门均衡工资水平的相关关系为

$$w_{dt} = g_{4t}w_{ct} \tag{3.58}$$

式中，$g_{wt} > 1$，表示在 t 时期肮脏技术部门均衡工资相对于清洁技术部门的倍数。上述四个因素均能影响清洁技术部门的相对利润，能够影响技术创新转轨的路径，但不能影响环境变量，对环境税或资源税的分析不产生影响。

（二）模型从第二个角度修正

消费者偏好如果发生变化则会影响效用函数，则需要在式（2.81）的基础上进行修改。如果在相关政策的影响下，消费者对环境质量偏好或清洁技术产品偏好发生改变，则会体现在以下两个方面：一是各期效用函数的跨期偏好 ρ 会变化，而不再是一个不变的参数。二是各期效用函数中产品消费和环境质量两者对消费者效用的贡献权重会发生变化。因此，可以将总效用函数（2.81）修正为

$$U = \sum_{t=0}^{\infty} \frac{u(C_t, S_t)}{(1 + \rho_t)^t} \tag{3.59}$$

式中，ρ_t 表示在 t 时期消费者效用函数的贴现率，反映消费者效用的时间偏好属性，该值越大表示未来效用的现值越小，越是偏好于现在消费，反之，则偏好于未来消费。贴现率 ρ_t 是关于当期普通商品消费与环境质量水平的函数，一是环境质量水平对消费者的效用满足边际效用递减规律，如果环境质量水平较低，消费者会预期寿命变短，会更偏好现在消费，则效用函数的贴现率 ρ_t 越大，

所以有 $dp_t/dS_t \leqslant 0$。二是贴现率与普通商品消费是正相关关系，消费者越是偏好于当期消费，那么贴现率 ρ_t 越大，所以有 $dp_t/dC_t \geqslant 0$。因此，贴现率可以假设为 $\rho_t = \rho(C_t/S_t)$，并能满足 $\rho_t' = dp_t/d(C_t/S_t) \geqslant 0$，而且贴现率变化具有加速变化的趋势特征，即 $\rho_t'' \geqslant 0$。另外，为了分析效用函数 $u(C_t, S_t)$ 中环境质量水平偏好的影响，需要设定商品消费与环境质量影响效用的权重，这里可以将各期的效用函数设定为

$$u(C_t, S_t) = \frac{(S_t^n C_t)^{1-\vartheta}}{1-\vartheta} \tag{3.60}$$

该函数为相对风险厌恶固定的效用函数，ϑ 表示相对风险厌恶系数，$1/\vartheta$ 表示消费者在不同时点消费的替代弹性。消费水平为环境质量与产品消费的复合函数，即满足两要素间的边际替代率递减规律，其中，n 表示环境质量水平对消费者效用的贡献率，能够度量消费者效用相对于环境质量的弹性系数，取值范围为 $0 < n < 1$，意味着环境质量水平的边际效用递减。

二、分散决策经济

根据假设条件，市场培育政策主要影响的是清洁技术部门，所以肮脏技术部门利润函数可以运用第二章基准模型表示，而对于清洁技术部门而言，则将式（3.55）、式（3.56）代入生产函数，并减去成本式（3.57），即可以得到目标利润函数为

$$\max \left\{ \pi_{ct} = [(1+g_{1t})(1+g_{2t}) - g_{3t}](1-\tau_{ct}^f \ell_{ct}) p_{ct} L_{ct}^{1-\alpha} \int_0^1 A_{cit}^{1-\alpha} x_{cit}^\alpha \, di - w_{ct} L_{jt} - \int_0^1 p_{cit} x_{cit} \, di \right\} \tag{3.61}$$

因此，根据上章同样的计算方式，可以得到两部门专业设备生产的最大利润之比为

$$\frac{\Pi_{ct}}{\Pi_{dt}} = \frac{\eta_c}{\eta_d} \left(\frac{[(1+g_{1t})(1+g_{2t}) + g_{3t}](1-\tau_{ct}^f \ell_{ct})}{1-\tau_{dt}^f \ell_{dt}} \frac{p_{ct}}{p_{dt}} \right)^{1/(1-\alpha)} \left(\frac{L_{ct}}{L_{dt}} \right) \left(\frac{A_{ct-1}}{A_{dt-1}} \right) \tag{3.62}$$

通过将两部门的利润函数分别对劳动取一阶导数等于零，可以得到两部门中间产品的最优价格之比为

$$\frac{p_{ct}}{p_{dt}} = \left(\frac{g_{4t}[(1+g_{1t})(1+g_{2t}) + g_{3t}](1-\tau_{ct}^f \ell_{ct})}{1-\tau_{dt}^f \ell_{dt}} \right)^{-1} \left(\frac{A_{ct}}{A_{dt}} \right)^{-(1-\alpha)} \tag{3.63}$$

同样，可以得到两部门的最优劳动需求之比为

$$\frac{L_{ct}}{L_{dt}} = \left(\frac{1-\ell_{ct}}{1-\ell_{dt}}\right)^{-1} \left(\frac{g_{4t}[(1+g_{1t})(1+g_{2t})+g_{3t}](1-\tau_{ct}^f \ell_{ct})}{1-\tau_{dt}^f \ell_{dt}}\right)^{\varepsilon} \left(\frac{A_{ct}}{A_{dt}}\right)^{-\varphi} \quad （3.64）$$

将式（3.63）和式（3.64）代入式（3.62），再结合技术创新公式可以得到

$$\frac{\Pi_{ct}}{\Pi_{dt}} = \frac{g_{4t}^{\varepsilon-1/(1-\alpha)}[(1+g_{1t})(1+g_{2t})+g_{3t}]^{\varepsilon}\eta_c}{\eta_d}\left(\frac{1-\ell_{ct}}{1-\ell_{dt}}\right)^{-1}\left(\frac{1-\tau_{ct}^f \ell_{ct}}{1-\tau_{dt}^f \ell_{dt}}\right)^{\varepsilon}\left(\frac{1+\gamma\eta_c s_{ct}}{1+\gamma\eta_d s_{dt}}\right)^{-(\varphi+1)}\left(\frac{A_{ct-1}}{A_{dt-1}}\right)^{-\varphi}$$

$$（3.65）$$

式中，$\varepsilon>1$，可知四种偏向性市场培育政策均能提高清洁技术部门的相对利润，在实践中可以配合使用，这里可令偏向性市场培育政策的影响为

$$G_t = g_{4t}^{\varepsilon-1/(1-\alpha)}[(1+g_{1t})(1+g_{2t})+g_{3t}]^{\varepsilon} \quad （3.66）$$

其中，四种政策可以根据式（3.66）自由组合，如果单独考虑一种政策时有四种情况：

一是如果只有工资要求政策，则 $G_t=g_{4t}^{\varepsilon-1/(1-\alpha)}$，仅当 $\varepsilon>1/(1-\alpha)$ 时成立。当 $1<\varepsilon<1/(1-\alpha)$ 时，该政策会增加肮脏技术部门的利润，显然失去了政策意义，此时 $g_{4t}=0$，即不能采取这项政策。因此，式（3.66）成立的条件为 $\varepsilon>1/(1-\alpha)$。当 $1<\varepsilon<1/(1-\alpha)$ 时，式（3.66）应修正为

$$G_t = [(1+g_{1t})(1+g_{2t})+g_{3t}]^{\varepsilon} \quad （3.67）$$

二是如果只有价格补贴政策，则 $G_t=(1+g_{1t})^{\varepsilon}$。

三是如果只有政府购买政策，则 $G_t=(1+g_{2t})^{\varepsilon}$。实际上，对价格补贴和政府购买政策的影响路径一致，均是通过增加市场份额的方式，给予了清洁技术部门补贴，两种政策可以根据产品类型和实际情况搭配使用。

四是如果只有基础设施配套建设政策，则 $G_t=(1+g_{3t})^{\varepsilon}$。这种政策是针对需要公共配套设施匹配使用的清洁技术产品，具有一定的特殊性。在均衡条件下，可以根据公式计算出配套设施应该资助的额度。

再根据第二章中基准模型推断不同进出口情况，则式（3.61）可以表示为

$$\frac{\Pi_{ct}}{\Pi_{dt}} = \frac{G_t}{T_t}\frac{\eta_c}{\eta_d}\left(\frac{1+\gamma\eta_c s_{ct}}{1+\gamma\eta_d s_{dt}}\right)^{-(\varphi+1)}\left(\frac{A_{ct-1}}{A_{dt-1}}\right)^{-\varphi} \quad （3.68）$$

如果初始状态时，研发人员集中在肮脏技术部门，即 $s_{ct}=0$ 和 $s_{dt}=1$。如果要使研发人员转向清洁技术部门，则要求式（3.68）表示的两部门利润之比大于1，

当中间产品的国际贸易单独不能使 $\Pi_{ct}/\Pi_{dt}>1$，即 $\eta_d T_t < \eta_c (1+\gamma\eta_d)^{(\varphi+1)}(A_{ct-1}/A_{dt-1})^{\varphi}$ 时，则可以通过采取偏向性市场培育政策进行辅助，根据式（3.64）可以得到

$$G_t > \frac{T_t \eta_d}{\eta_c \left(1+\gamma\eta_d\right)^{(\varphi+1)}} \left(\frac{A_{ct-1}}{A_{dt-1}}\right)^{\varphi} \tag{3.69}$$

培育清洁技术产品市场的政策能够促使技术创新向清洁技术方向转轨，但是政府作为政策的制定者，如果根据式（3.69）决策直接干预市场，可能会超过外部线边界，进而出现扭曲市场资源配置的可能，所以还要从整体的角度研究外部性约束范围。另外，技术创新转轨后是否能完全实现清洁技术生产，是否能避免环境灾乱，仍然和命题2.3一致。综上所述，可以将偏向性市场培育政策促进技术创新转轨的分析结论，归纳总结为命题3.6。

命题3.6：在市场自由竞争的条件下：

（1）偏向清洁技术产品的直接性市场培育政策能够产生促进技术创新向清洁技术方向转轨的效应。当 $\varepsilon>1$ 时，主要政策包括对清洁技术产品的价格补贴、政府购买、配套基础设施资助等；当 $\varepsilon>1/(1-\alpha)$ 时，提高肮脏技术部门的工资水平能产生相同作用。这些政策可根据需要搭配使用，发挥促进技术创新转轨的协同作用。

（2）初始状态为研发人员集中在肮脏技术部门时，如果中间产品进行国际贸易不能促使技术创新转轨，则偏向性市场培育政策效应发挥辅助作用，与国际贸易效应的关系满足条件 $\eta_c G_t > T_t \eta_d (1+\gamma\eta_d)^{-(\varphi+1)}(A_{ct-1}/A_{dt-1})^{\varphi}$ 时，技术创新将逐步转向清洁技术方向。

三、社会计划者

直接干预产品市场的偏向性职场培育政策不影响环境变量，只能通过限制肮脏技术产品产出水平降低环境负外部性，并不直接对外部性产生影响，但间接性的偏向性市场培育政策会影响消费者对环境质量的效用偏好，会对消费者的最优选择行为产生重要的影响。为了分析的简便：

首先，不考虑中间产品国际贸易的影响，且仅分析消费者跨期偏好动态变化的影响，即将 $\rho_t = \rho(C_t/S_t)$ 代入消费者的目标效用函数。这里可以归纳求解方程与约束条件为

$$\max\left\{\sum_{t=0}^{\infty}\frac{u(C_t,S_t)}{[1+\rho(C_t/S_t)]^t}\right\}$$

$$\text{s. t.}\qquad C_t=Y_t-\psi(\int_0^1 x_{cit}di+\int_0^1 x_{dit}di)$$

$$Y_t=\left[Y_{ct}^{(\varepsilon-1)/\varepsilon}+Y_{dt}^{(\varepsilon-1)/\varepsilon}\right]^{\varepsilon/(\varepsilon-1)}$$

$$Y_{jt}=L_{jt}^{1-\alpha}\int_0^1 A_{jit}^{1-\alpha}x_{jit}^{\alpha}di$$

$$S_{t+1}=(1+\delta)S_t-\xi Y_{dt}$$

$$A_{jt}=(1+\gamma\eta_j s_{jt})A_{jt-1}$$

通过构造拉格朗日函数，对 C_t 取一阶导数等于 0，即可以得到消费的影子价格为

$$\tilde{\lambda}_t=\frac{1}{(1+\rho_t)^t}[\partial u(C_t,S_t)/\partial C_t-\frac{t\rho_t'}{(1+\rho_t)S_t}u(C_t,S_t)] \qquad (3.70)$$

同样，对 S_{t+1} 取一阶导数等于 0，即可以得到环境质量的影子价格为

$$\tilde{\theta}_{t+1}=\sum_{v=t+1}^{\infty}\frac{(1+\delta)^{v-(t+1)}}{(1+\rho_v)^v}[\partial u(C_v,S_v)/\partial S_v+\frac{vC_v\rho_v'}{(1+\rho_v)S_v^2}u(C_v,S_v)] \qquad (3.71)$$

同样，可以求得环境税税率为

$$\tilde{\tau}_t=\frac{\tilde{\theta}_{t+1}\xi}{\tilde{\lambda}_t\tilde{p}_{dt}} \qquad (3.72)$$

将式（3.70）、式（3.71）代入式（3.72），可以得到

$$\tilde{\tau}_t=\frac{\xi}{\widehat{p}_{dt}}\frac{\sum_{v=t+1}^{\infty}\frac{(1+\delta)^{v-(t+1)}}{(1+\rho_v)^v}\left(\frac{\partial u(C_v,S_v)}{\partial S_v}+\frac{vC_v\rho_v'}{(1+\rho_v)S_v^2}u(C_v,S_v)\right)}{\frac{1}{(1+\rho_t)^t}\left(\frac{\partial u(C_t,S_t)}{\partial C_t}-\frac{t\rho_t'}{(1+\rho_t)S_t}u(C_t,S_t)\right)} \qquad (3.73)$$

从式（3.73）中可知，消费者跨期偏好的动态变化表现为贴现率 ρ_t 的变化，ρ_t 值对环境税税率的影响主要有两个方面：一是从式（3.73）分子上分析，当 $\rho_v'>0$ 时，即表示当未来各期的 C_v 增加或者 S_v 减少时，跨期偏好变化会使得 ρ_v 随之增加，则有 $\frac{vC_v\rho_v'}{(1+\rho_v)S_v^2}u(C_v,S_v)>0$，表示通过环境负外部性计算得到的环境税会增加，税率增加程度取决于未来各期跨期偏好数值、变化程度及变化时期，未

来各期的产品消费水平、环境质量水平及效用函数。二是从式（3.73）分母上分析，当 $\rho_t'>0$，即当期的 C_t 增加或者 S_t 减少时，当期跨期偏好使 ρ_t 随之增加，则有 $\dfrac{t\rho_t'}{(1+\rho_t)S_t}u(C_t,S_t)>0$，仍然表示环境税会增加，税率增加程度取决于当期跨期偏好数值、变化程度，当期环境质量水平及效用函数。总之，消费增加或者环境质量下降会促使消费者偏好现在消费，提高贴现率 ρ 值，无论什么时候，只要 ρ 增加，均会增加环境税税率，并且环境税税率与 ρ 值和环境质量水平负相关，而与 ρ' 值、消费水平和效用函数正相关。

其次，分析环境质量水平偏好程度与消费跨期偏好的联合影响。可以将效用函数式（3.60）代入式（3.73），即可以得到

$$\tilde{\tau}_t=\frac{\xi(1+\rho_t)^t C_t^{\,\vartheta}\sum_{v=t+1}^{\infty}\dfrac{(1+\delta)^{v-(t+1)}C_v^{\,1-\vartheta}}{(1+\rho_v)^v S_v}\left(\dfrac{S_v}{S_t}\right)^{n(1-\vartheta)}\left(n(1-\vartheta)+\dfrac{v\rho_v'C_v}{(1+\rho_v)S_v}\right)}{\hat{p}_{dt}\left((1-\vartheta)-\dfrac{C_t t\rho_t'}{(1+\rho_t)S_t}\right)} \tag{3.74}$$

环境质量偏好程度对环境税的影响主要取决于 n 值，因此，若令

$$N_v=\left(\frac{S_v}{S_t}\right)^{n(1-\vartheta)}\left(n(1-\vartheta)+\frac{v\rho_v'C_v}{(1+\rho_v)S_v}\right) \tag{3.75}$$

从式（3.74）可知，当 $dN_v/dn>0$ 时，则表示环境税与环境质量偏好程度是正相关关系，反之，则为负相关关系。根据式（3.75）计算可知，如果未来的环境质量水平提高，即 $S_v>S_t$，一定可以满足条件 $dN_v/dn>0$；如果未来的环境质量水平下降，则会出现一个门槛值，即 $S_v=e^{-1/\left(n(1-\vartheta)+\frac{v\rho_v'C_v}{(1+\rho_v)S_v}\right)}S_t$，如果环境质量水平低于该门槛值，则会出现 $dN_v/dn<0$ 的情况，这时，环境税与环境质量偏好程度则是负相关关系。为了简便分析，当消费者跨期偏好不变时，可以更为直观地分析环境质量偏好的影响。即可以将 $\rho_t=\rho$ 和 $\rho_t'=0$ 代入式（3.74），则得到

$$\tilde{\tau}_t=\frac{\xi C_t^{\,\vartheta}}{\hat{p}_{dt}}\sum_{v=t+1}^{\infty}\frac{(1+\delta)^{v-(t+1)}C_v^{\,1-\vartheta}n}{(1+\rho)^{v-t}S_v}\left(\frac{S_v}{S_t}\right)^{n(1-\vartheta)} \tag{3.76}$$

同样，可解门槛值 $S_v=e^{-1/n}S_t$，比较而言，门槛值相对提高了。因此，环境税与环境质量偏好程度的相关性存在着一个门槛值，正常情况下，通过环境治理未

来环境改善，环境偏好程度增强时，则环境税会提高，但如果环境质量恶化并达到一定程度后，环境偏好程度增强，反而会降低环境税的值。

最后，分析环境税促进技术创新转轨的条件。结合式（3.68），考虑直接性的偏向性市场培育政策和中间产品国际贸易的影响，根据同样计算方式，可以得到两部门专业设备生产最大利润之比为

$$\frac{\Pi_{ct}}{\Pi_{dt}} = \frac{(1+\hat{\tau}_t)G_t}{T_t}\frac{\eta_c}{\eta_d}\left(\frac{1+\gamma\eta_c s_{ct}}{1+\gamma\eta_d s_{dt}}\right)^{-(\varphi+1)}\left(\frac{A_{ct-1}}{A_{dt-1}}\right)^{-\varphi} \quad （3.77）$$

如果式（3.69）不能成立，当 $G_t > 1+\tilde{\tau}_t$ 时，则直接性偏向性市场培育政策会扭曲市场经济的运行，要求降低 $G_t = 1+\tilde{\tau}_t$，而且此时不能再征收环境税。当 $G_t < 1+\tilde{\tau}_t$ 时，则可以通过征收环境税发挥协同作用，如果能实现式（3.77）的值大于 1，即能实现技术创新向清洁技术方向转轨，此时，仍然假设在初始状态，研发人员全部集中在肮脏技术部门，则 $s_{ct}=0$，要实现目标，环境税需要征收

$$\hat{\tau}_t > \frac{\eta_d T_t}{\eta_c\left(1+\gamma\eta_d\right)^{(\varphi+1)}G_t}\left(\frac{A_{ct-1}}{A_{dt-1}}\right)^{\varphi} - 1 \quad （3.78）$$

如果式（3.78）成立又同时满足 $1+\tilde{\tau}_t \geq (1+\hat{\tau}_t)G_t$，则环境税不需要满额征收即可实现目标，不需要对清洁技术给予资助，就能够实现技术创新转轨目标。如果式（3.78）成立但是 $1+\tilde{\tau}_t < (1+\hat{\tau}_t)G_t$，则环境税只能满额征收，即 $\hat{\tau}_t = (1+\tilde{\tau}_t)/G_t - 1$，此时需要对清洁技术给予资助才能帮助实现技术创新转轨目标。这时，如果政府对清洁技术部门予以资助，则两部门专业设备生产的最大利润之比会根据式（3.77）变化为

$$\frac{\Pi_{ct}}{\Pi_{dt}} = \frac{(1+q_t)(1+\tilde{\tau}_t)}{T_t}\frac{\eta_c}{\eta_d}\left(\frac{1+\gamma\eta_c s_{ct}}{1+\gamma\eta_d s_{dt}}\right)^{-(\varphi+1)}\left(\frac{A_{ct-1}}{A_{dt-1}}\right)^{-\varphi} \quad （3.79）$$

此时，式（3.79）中 $1+\tilde{\tau}_t = (1+\hat{\tau}_t)G_t$，同样的初始状态，要实现技术创新转轨目标，对清洁技术资助必须满足

$$q_t > \frac{\eta_d T_t}{\eta_c\left(1+\gamma\eta_d\right)^{(\varphi+1)}(1+\tilde{\tau}_t)}\left(\frac{A_{ct-1}}{A_{dt-1}}\right)^{\varphi} - 1 \quad （3.80）$$

从式（3.80）可知，清洁技术研发资助可以与环境税税率和中间产品的国际

贸易等因素发挥协同作用，促进技术创新向清洁技术方向转轨。

综上所述，可以归纳为命题 3.7。

命题 3.7：在市场自由竞争的条件下：

（1）消费者的跨期偏好改变会使得效用函数的贴现率发生变化，环境税的征收税率与贴现率增加程度是正相关关系；消费者对环境质量水平的偏好程度与环境税的征收税率的关系取决于未来环境质量水平，如果未来环境质量水平持续改善，则两者之间是正相关关系；如果未来环境质量水平持续恶化，超过一定的门槛值时，则两者之间会呈现负相关关系。

（2）初始状态为研发人员集中在肮脏技术部门时，当环境税实际征收税率满足条件式（3.78）时，并且 $1+\tilde{\tau}_t \geqslant (1+\hat{\tau}_t)G_t$ 成立，环境税与直接性的市场培育政策的联合作用效应能够使得技术创新向清洁技术方向转轨；反之，如果此时为 $1+\tilde{\tau}_t < (1+\hat{\tau}_t)G_t$，则选择实际征收环境税的税率为 $\hat{\tau}_t = (1+\tilde{\tau}_t)/G_t - 1$，同时要对清洁技术部门研发给予资助，并满足条件式（3.80），才能促使技术创新转向清洁技术方向。

第五节 本章小结

在市场自由竞争配置资源的条件下，政策促进技术创新向清洁技术方向转轨的关键点在于外部性约束范围的控制。具体政策无非从鼓励清洁技术部门和限制肮脏技术部门两个角度进行，本章重点分析的三个专题均是如此，但又有所区别。专题一研究的是可耗竭资源价格的影响，重点是从肮脏技术部门生产成本上升的角度迫使企业的技术创新转轨，所以只要是能影响可耗竭资源价格的一系列政策均能影响企业行为。专题二研究的是排放权交易制度的影响，重点是研究政府采取排放权分配的方式，促使肮脏技术部门补贴清洁技术部门，使之相对利润的改变诱导企业技术创新转轨，所以排放权的分配及交易制度设计均能影响企业行为。专题三研究的是偏向性市场培育政策的影响，重点研究政策扩大清洁技术产品的市场份额，通过支持清洁技术部门来诱导技术创新转轨。因此，三个专题的研究内容均具有促进技术创新转轨的效应，可以在外部性约束的条件下将相关政策协调搭配使用以发挥协同作用。

专题一的分析中，认为可耗竭资源价格的持续上升能够促使技术创新转轨，但前提条件是环境承受能力要足够高。这个条件实际上是非常严苛的条件，只要可耗竭资源价格上升的程度不足以促使企业技术创新转轨，那么肮脏技术部门就会持续进行生产。一方面，在实际中可耗竭性资源的使用不可避免。产品生产就要投入必要的资源，传统的石油、煤炭、矿产等可耗竭性资源消耗规模总量较大，完全不使用在某种程度上是不现实的，意味着无论价格多高总避免不了这类资源的使用，除非可耗竭性资源消耗使之枯竭。另一方面，可耗竭性资源价格上升会导致技术创新向灰色技术方向发展，即资源节约型技术创新，这离清洁技术还有一定的差距；还可能倾向于替代性资源的技术，如替代石油、煤炭等资源的天然气、页岩气开采技术，这既无助于环境恢复，也无法实现转向清洁技术创新的目标。因此，只要可耗竭性资源的市场交易存在，那就意味着肮脏技术生产就会一直持续，可能会导致资源枯竭或环境灾乱。总之，在现实经济中，影响可耗竭性资源价格的政策是一项辅助性措施，需要其他政策的配合使用才能实现技术创新转轨目标，也是一项持续性的长期政策，直至实现无须消耗可耗竭性资源的清洁生产才能退出。

专题二的分析中，认为排放权交易使得肮脏技术产生额外的成本，而清洁技术生产获得额外的补贴，进而产生技术创新的偏向效应。但排放产权分配是一种强制性行为，需要与污染的减排速度及目标等环境保护政策结合起来，这里如何分配排放权及如何进行交易等制度设计显得额外重要。在实践中，制度的设计并没有统一的形式，排放权的分配有欧盟的"祖父法"、美国的"拍卖法"、澳大利亚的"固定价格购买法"和新西兰的"混合配额法"等。王俊（2016）根据政府参与情况分为纯市场交易、非市场交易和混合交易等不同的排放权交易制度进行了讨论。经过多年的发展，国际间的排放权交易还处于探索阶段，国内排放权交易制度也处于试行阶段，对于污染减排发挥了一定的作用但不是关键性作用。在实践中，就促进技术创新转向清洁技术方向而言，排放权交易制度只能是一项辅助的政策，可能会随着制度的健全发挥越来越重要的作用。另外，在排放权交易制度的作用下，如果需要排放权的肮脏技术企业产出下降，则该制度产生的效应会逐步降低，但是，只要存在着交易说明还存在着排放问题，因此，排放权交易是一种持续性的制度安排，直至没有肮脏技术生产，即实现了可持续发展之后才可能退出。

专题三的分析中，认为直接给予清洁技术部门财政支持的政策和引导消费者偏好的间接性政策均能培育清洁技术产品市场，实现技术创新转轨目标。一是直接干预市场的政策只是临时的次优的政策，从经济或政治的角度考虑，国家财政不可能对某个行业无时间限制地进行补贴，但对于促进环境保护和绿色发展目标，市场需求培育对清洁技术和清洁产业的发展有着非常直接且明显的作用，如果没有这类政策支持，可能不会有厂商自发地转向清洁技术创新，最终，经济的发展会致使走向资源枯竭和环境灾难。因此，培育清洁产品市场的政策是一种次优的也是必要的选择，主要集中运用在清洁产业发展的早期阶段，适当的时候必须及时退出，否则，会带来严重的资源错配。二是间接性影响消费者的政策是持久性政策。消费者对环境质量的偏好程度提高或者效用贴现率的改变，能够稳定提高清洁技术产品的市场份额，是消费者规范自身行为实现对环境共治共享的一种体现。这类政策应成为市场培育政策的重点内容。一方面，加强清洁技术产品的认证和宣传工作，提供配套服务提高消费者购买和使用的便捷性；通过各种媒体宣传绿色环保理念和进行各类生态文明的创建活动，普及绿色环保知识，鼓励公众积极购买清洁技术生产的商品，促使消费者形成环境保护的选择偏好。另一方面，完善公众参与环保监督和决策的渠道，通过公众环保的监督和参与，可以有效地规范自身行为和约束污染排放行为，进一步形成绿色消费的道德约束和舆论氛围，扩大清洁技术产品的市场规模。

总之，三个专题研究的内容均具有技术创新的转轨效应，但均有其适用条件和不足之处，实践和理论具有一定的差距，所以，在实践中要根据不同国家和地区的实际情况，合理选择和搭配使用以发挥最大的效用。特别是在政策选择的时候，一定要以市场资源配置为主体，在外部性约束范围内进行，在市场机制运行下辅以适当政策加快推动技术创新转向清洁技术，最终实现经济增长和环境恢复的可持续发展目标。

第四章　偏向性政策激励清洁技术创新的实证分析

第一节　引言

在前两章的理论分析中，通过引入环境政策变量构建内生增长理论模型的方式，重点研究了政府的偏向性政策激励技术创新从肮脏技术向清洁技术转轨的作用机理，主要政策影响因素包括研发补贴政策、环境规制政策、清洁技术产品市场培育政策以及国外政策等，为了研究技术创新方向转轨的偏向性政策激励效应，本章选择了我国汽车行业技术创新作为典型案例进行实证研究。

汽车相关技术主要可以分为两类，分别为传统的燃油汽车技术和新能源汽车技术，可以分别代表清洁技术和肮脏技术。随着环境保护和气候变暖的压力日益增大，世界大多数国家都采取了鼓励新能源汽车发展的政策，并取得了较为积极的效果，新能源汽车发展已经逐步得到了市场的接受，同样新能源汽车技术得到了快速的发展。我国从 2001 年开始从政策导向上支持新能源汽车的发展，经过 20 年的投入，新能源汽车技术创新取得了较大的突破，在竞争激烈的市场上，新能源汽车能够占据一定的市场规模，特别是近几年成效尤为明显。从中央到地方政府大量扶持政策的实施，所产生技术研发方向的转轨效应比较契合本书研究的主题，属于相对较好的实证研究案例。

在实证分析之前，需要对我国汽车及相关技术发展的形势进行分析和掌握。本章首先描述了我国新能源汽车的发展现状，并梳理国家的相关扶持政策。然后分别从国内和国际两个角度、总体和省际两个层面，分析了我国新能源汽车技术和燃油汽车技术的创新发展情况。从数据的绝对值而言，两类技术创新均取得了快速的发展，说明我国鼓励技术创新的政策取得了明显的成效，在科技创新的能力和成果方面都有了快速的提高。从相对数据而言，我国新能源汽车技术创新的发展态势明显要优于燃油汽车技术。

实证分析是在王俊（2015）的基础上展开的，主要选用两类汽车技术专利申请量的省际面板数据为被解释变量，代表技术创新的程度。为了研究的科学合理，这里对解释变量进行了相对较大的调整，主要包括以下四个方面：一是调整了替代解释变量，如用环境规制指标替代了加权石油价格指数，将新能源汽车销售量的权重系数指标进行了重新调整；二是增加了国际因素指标，采用出口进口比的变化来代表国际影响因素的影响；三是解释变量中区分了省际外部清洁技术和肮脏技术创新的相关专利数据；四是调整了时间范围。因为2007年之前没有新能源汽车市场销售数据，所以将研究时间范围从2001~2012年调整为2007~2018年。从实证分析的结论看，大部分结论具有相似性，但是数据的变化还是得出了有一定差异的结论。

本章以汽车相关技术专利数据为基础的实证研究，仅能分析和度量各类偏向性政策的影响效应，存在着较大的局限性。如实证研究不能反映政策推动技术转轨的路径，也不能分析政策的动态变化，具体政策需要根据理论分析中的相关指标测算并监控，实施动态调整政策重点，以提高技术创新转轨的政策效率。尽管如此，实证研究中对于偏向性政策效应的估算，能够在一定程度上说明政策的有效性，并对相似领域的政策制定或调整研究具有较好参考价值。

第二节　我国汽车行业相关技术创新的发展现状

一、我国汽车产业发展及偏向性政策

（一）我国汽车产业发展的现状

随着经济的快速发展以及消费者收入水平的提高，我国汽车产业发展速度持续增长，汽车保有量不断提高。截至2020年底，全国汽车保有量达2.81亿辆，仅2020年全国新注册登记汽车2424万辆，同比减少153万辆，下降5.95%。其中，载货汽车新注册登记416万辆，同比增加65万辆，增长18.43%，再创10年来新高；全国新能源汽车保有量达492万辆，占汽车总量的1.75%，比2019年增加111万辆，增长29.18%；纯电动汽车保有量400万辆，占新能源汽车总量的81.32%。全国有70个城市的汽车保有量超过百万辆，31个城市超200万

辆，13个城市超300万辆，其中，北京、成都、重庆超过500万辆，苏州、上海、郑州超过400万辆，西安、武汉、深圳、东莞、天津、青岛、石家庄7个城市超过300万辆。[①]

从汽车生产的情况来看，我国汽车产业经历了近20年的快速发展，现在处于高位运行、增速放缓阶段。如图4-1所示，我国汽车产量近20年的年均增长率为15.12%，已经具有了较大的生产规模。2001年，我国汽车产量仅为207万辆，于2017年达到峰值，产出量为2901.81万辆，而2019年产出总量为2567.7万辆，相对峰值下降约11.8%。汽车产量可以被认为汽车产业规模的代表性指标，产业的发展离不开各省政府相关政策的支持，而从各省份的汽车产量来看，省份之间存在着较大的差异。如表4-1所示，2019年汽车产量排前5名的分别是广东、吉林、上海、湖北和广西，这些省份的汽车产业具有优势地位，而甘肃、海南、西藏、青海和宁夏的汽车产量基本可以忽略不计，其中，经济相对发达的江苏和浙江的汽车产量并不具优势地位。总之，我国汽车产业已经发展到了新的阶段，汽车产业发展在国内市场基本达到峰值，扩大市场份额需要向国际市场延伸，汽车产业的可持续发展需要从数量向质量转变。

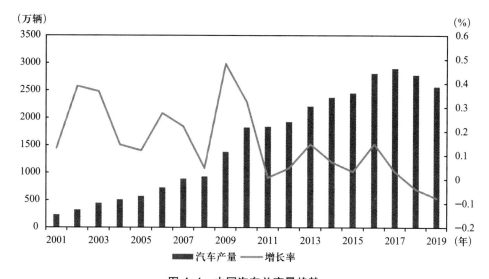

图4-1　中国汽车总产量趋势

---

① 崔东树.2020年中国汽车保有量数据报告［R］.2020.

表 4-1　2019 年我国各省汽车总产量排名

排名	省份	产量（万辆）	排名	省份	产量（万辆）	排名	省份	产量（万辆）	排名	省份	产量（万辆）
1	广东	311.97	9	天津	104.15	17	湖南	57.91	25	内蒙古	2.9
2	吉林	289.12	10	浙江	99.19	18	陕西	54.7	26	新疆	2.53
3	上海	274.9	11	江苏	83.82	19	江西	53.56	27	甘肃	0.07
4	湖北	223.96	12	辽宁	79.16	20	黑龙江	18.89	28	海南	0.04
5	广西	183.03	13	山东	77.7	21	福建	16.16	29	西藏	0
6	北京	164.02	14	安徽	77.62	22	云南	11.37	30	青海	0
7	重庆	137.46	15	四川	64.23	23	山西	6.58	31	宁夏	0
8	河北	105.08	16	河南	61.86	24	贵州	5.69			

资料来源：《中国统计年鉴 2020》。

在国内外环境保护和低碳发展要求的新形势下，我国把新能源汽车列为战略性新兴产业给予了重点支持，新能源汽车领域取得了快速的发展，现在以电动汽车为主，并形成了一定的市场规模。如图 4-2 所示，我国新能源汽车的市场销售量从 2008 年的 2.1 万辆增加到 2018 年的最高值 127.5 万辆，平均年增速为105.68%，说明在政府政策的支持下，新能源汽车技术不断成熟和发展，现在已经能够被部分消费者所接受。新能源汽车是未来汽车产业发展的方向，相对传统

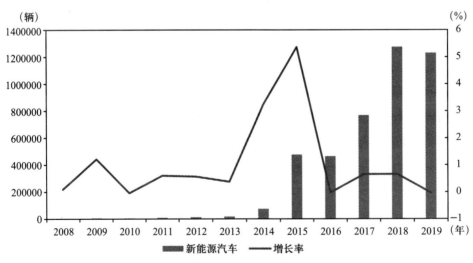

图 4-2　中国新能源汽车销售量趋势

燃油汽车而言，市场规模仅为 1/20，还有较大的发展空间和市场潜力。但新能源汽车技术还在不断成熟的探索过程中，其发展方向还具有不确定性。例如，当前市场中主要发展的是电动汽车，同样存在着较多的弊端，近年来燃料电池汽车受到政府和市场的青睐。因此，随着新技术的不断突破，不排除有更经济、更环保的汽车产品替代传统燃油汽车。

根据理论部分的分析，这里需要简单地对传统燃油汽车和新能源汽车两类产品的替代弹性进行讨论。一般意义而言，消费者增加购买一辆新能源汽车就会减少一辆传统燃油汽车的购买，所以两种汽车的替代率应为 1，但从两种汽车的市场增长情况看，因两类产品并不具有稳定的替代关系，CES 函数中的替代弹性难以计算。数据显示，近 10 年传统燃油汽车销售的年均增速为 3.38%，而新能源汽车销售的年均增速为 2407.92%，约为燃油汽车的 710 倍，从这个角度而言，符合理论分析中的两种产品替代弹性系数 $\varepsilon>1$ 的研究范围，能够作为典型案例进行实证分析。

（二）偏向新能源汽车发展的支持政策

我国政府支持的新能源汽车主要包括纯电动汽车、插电式混合动力汽车和燃料电池汽车等类别，王俊（2015）将新能源汽车的支持政策基本上分为三个阶段，根据政策调整和产业发展情况，这里进行重新调整，以 2012 年和 2020 年两个时间节点进行划分。

第一阶段为 2001~2011 年，属于技术探索与试点发展阶段。2001 年，国家首次将电动汽车研发项目纳入 863 计划的重点内容，明确指出了政府重点资助新能源汽车技术研发的方向；2007 年制定了《新能源汽车生产准规制》，规定了新能源汽车生产的技术标准和生产规范；2009 年制定了《汽车产业调整和振兴规划》，制定了鼓励新能源汽车发展的目标和路线图。国家确定支持的新能源汽车范围为纯电动汽车、插电式混合动力汽车和燃料电池汽车三种，其中纯电动汽车在技术和市场两方面都取得了突破，并实现了快速的发展。选定了北京等 20 座城市作为新能源汽车示范城市，鼓励在公交、出租、公务、环卫等公共服务领域推广使用新能源汽车；确定在上海、长春、深圳、杭州和合肥 5 个城市实行私人汽车购买补贴试点。配套制定了较多的鼓励政策，例如，重点建设汽车充电桩、充电场地等配套基础设施；免除在车牌拍卖、摇号、限行等方面的车辆管制政策；新能源汽车及关键技术的研发资助倾斜政策。这一阶段主要在核心技术、基础设施、政策环境、市场接受等方面取得了突破和进展，也积累了很多经验，逐步完善了各项政府的支持政策和监管制度，为新能源汽车的快速发展打下了基础。

第二阶段为2012~2020年，属于技术突破与快速发展阶段。国务院制定了《节能与新能源汽车产业发展规划（2012-2020）》，这是首次制定关于新能源汽车产业发展的专项规划，为我国新能源汽车的发展指明了方向，并系统性地公布了国家政策导向。同时，出台了《十二五国家战略性新兴产业规划》，明确指出新能源汽车产业作为战略性新兴产业进行重点支持。这一阶段，新能源汽车产业规划中明确了技术路线是"以纯电驱动为新能源汽车发展和汽车工业转型的主要战略取向，重点推进纯电动汽车和插电式混合动力汽车产业化，推广普及非插电式混合动力汽车、节能内燃机汽车，提升我国汽车产业整体技术水平"。通过相关支持政策的实施，我国新能源汽车产业得到了快速的发展，基本上达到了规划中的预期目标。2020年，我国新能源汽车产销量分别达到136.6万辆和136.7万辆，同比增长7.5%和10.9%，连续6年居世界首位。培育了比亚迪、蔚来等一批掌握核心技术并具有国际竞争力的新能源汽车企业，特别是纯电动汽车方面占据了一定的市场规模，具备了与全球龙头企业竞争的能力。

第三阶段为2021年之后，属于技术成熟与全面发展阶段。国务院发布了《新能源汽车产业发展规划（2021-2035）》，提出"电动化、网联化、智能化"为新能源汽车的发展方向。发展思路是"以融合创新为重点，突破关键核心技术，提升产业基础能力，构建新型产业生态，完善基础设施体系，优化产业发展环境，推动我国新能源汽车产业高质量可持续发展"。特别强调了要实施创新驱动战略，提出"建立以企业为主体、市场为导向、产学研用协同的技术创新体系，完善激励和保护创新的制度环境，鼓励多种技术路线并行发展，支持各类主体合力攻克关键核心技术、加大商业模式创新力度，形成新型产业创新生态"。发展目标是"经过15年的持续努力，我国新能源汽车核心技术达到国际先进水平，质量品牌具备较强国际竞争力。纯电动汽车成为新销售车辆的主流，公共领域用车全面电动化，燃料电池汽车实现商业化应用，高度自动驾驶汽车实现规模化应用，充换电服务网络便捷高效，氢燃料供给体系建设稳步推进，有效促进节能减排水平和社会运行效率的提升"。规划中将技术发展的重心从纯电动向多种技术路线转变，特别强调了对氢燃料电池汽车技术的支持，这是一个新的动向。总之，随着各部门配套规划的具体政策不断出台，必然会推动我国新能源汽车技术和产业全面快速的发展。

二、新能源汽车专利数据分析

（一）专利选择

新能源汽车技术可以通过IPC分类码进行甄选，甄选方式可以通过三种方式相结合进行：一是在专利数据库IPC分类码中检索"电动汽车、插电式混合动力汽车、燃料电池、新能源汽车"等关键词，找到相应的分类码；二是将上述关键词在SIPO专利数据库中检索，找到相关专利对应的分类码进行排序，挑出占比较高的分类码；三是参考相关文献，如Aghion等（2016）给出的IPC分类码。将三种方式对比综合甄选出表示新能源汽车专利技术的编码，如表4-2所示。

表4-2　新能源汽车主要专利技术的IPC类型选择

主要类别	IPC分类号	专利内容
电动汽车	B60K1	电动力装置的布置或安装
	B60L3	电动车辆上安全用电装置；运转变量，例如速度、减速、能量消耗的监测
	B60L15	控制电动车辆驱动（如其牵引电动机速度）以达到其预想性能的方法、电路或机构；电动车辆上控制设备的配置，用于从固定地点，或者从车辆的可选部件或从同一车队的可选车辆上进行远程操纵
	B60L50	用车辆内部电源的电力牵引（2019年之前为B60L11）
	B60L53	特别适用于电动车辆的电池充电方法；充电站或为此的充电设备；电动车辆中储能元件的更换
	B60L58	专门适用于电动车辆的监控或控制电池或燃料电池的方法或电路
	B60W10	不同类型或不同功能的车辆子系统的联合控制/08包括电动力单元的控制，例如，马达或发电机/26用于电能的，例如，电池或电容器

续表

主要类别	IPC 分类号	专利内容
插电式混合 动力汽车	B60K6	用于共用或通用动力装置的多个不同原动机的布置或安装，例如具有电动机和内燃机的混合动力系统
	B60W20	专门适用于混合动力车辆
燃料电池 汽车	H01M8	燃料电池及其制造

注：根据检索数据，去掉 B60L7/1、20 和 B60W10/24、28。

数据库选用全国专利数据库，检索时间为 2020 年 12 月。根据表 4-2 中的编码检索，考虑到技术水平的度量，检索去除掉外观设计专利，只包括发明和应用型专利的数据。另外，去除掉驳回、放弃、避重撤回、撤销等无效专利申请，包含授权、审查、公开、期限已满和未缴年费等专利，代表技术总体水平。专利数据库处于不断更新状态，近 3 年数据可能在不断增加中。所以，近几年的数据相对指标比绝对指标更为重要。

（二）总体水平分析

根据专利数据库检索所得数据，如图 4-3 所示，从 1985 年累计至今，国内申请占比 69%，外国申请占比 31%，其中主要集中在日本、美国、德国、韩国和法国 5 个国家，其他国家仅占 3%。

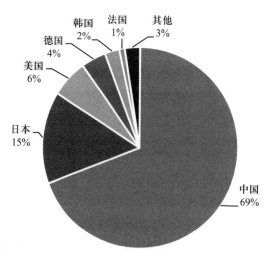

图 4-3　中国新能源汽车技术专利申请量主要国家占比

从申请单位看，企业强于科研机构，占据主导地位。检索所得数据如表 4-3 所示，新能源汽车相关技术专利申请数量前 80 名的申请机构，主要显示出以下方面的特征：一是传统燃油汽车公司在新能源汽车研发方面仍然占有较大的技术优势，丰田、通用、福特、本田和比亚迪位列前 5 名，跨国大型汽车公司在技术水平上仍然领先于中国企业。中国公司也取得了较大的发展，主要集中在民营企业，国有企业相对滞后。二是中国汽车公司中排前 5 名的是比亚迪、吉利、北京新能源汽车、奇瑞和宇通，特别是比亚迪和吉利两家公司能分别排名第 5 和第 6，甚是难能可贵。三是高校和科研院所占有较大的比例。进入前 80 名的有 17 家，排名靠前的是中国科学院、清华大学、吉林大学、北京理工大学、武汉理工大学、同济大学、华南理工大学、上海交通大学和哈尔滨工业大学，代表了我国新能源汽车研究的最高学术水平。

表 4-3 中国新能源汽车技术专利申请单位排名（件）

排名	单位	专利数	排名	单位	专利数
1	丰田自动车株式会社	7921	14	安徽江淮汽车集团	871
2	通用汽车公司	3424	15	三星 SDI 株式会社	854
3	福特全球技术公司	3077	16	松下电器产业株式会社	831
4	本田技研工业株式会社	3040	17	奥迪股份公司	819
5	比亚迪股份有限公司	2214	18	中国科学院大连化学物理所	818
6	吉利控股集团有限公司	2098	19	国家电网公司	793
7	现代自动车株式会社	1990	20	中国第一汽车股份有限公司	780
8	日产自动车株式会社	1846	21	清华大学	775
9	北京新能源汽车股份有限公司	1401	22	日立汽车系统株式会社	770
10	起亚自动车株式会社	974	23	吉林大学	766
11	罗伯特·博世有限公司	947	24	三菱自动车工业株式会社	722
12	奇瑞汽车股份有限公司	939	25	上海汽车集团股份有限公司	661
13	郑州宇通客车股份有限公司	896	26	北汽福田汽车股份有限公司	626

排名	单位	专利数	排名	单位	专利数
27	潍柴动力股份有限公司	571	48	安徽安凯汽车股份有限公司	330
28	东风汽车公司	567	49	上海交通大学	319
29	宝沃汽车（中国）有限公司	566	50	哈尔滨工业大学	318
30	爱信艾达株式会社	564	51	株式会社小松制作所	310
31	宝马股份公司	542	52	雷诺股份公司	309
32	长城汽车股份有限公司	538	53	中国重汽集团济南动力有限公司	302
33	舍弗勒技术股份两合公司	521	54	北京长城华冠汽车	298
34	株式会社电装	500	55	浙江大学	296
35	铃木株式会社	497	56	北京汽车股份有限公司	295
36	蔚来控股有限公司	492	57	江苏大学	288
37	北京理工大学	476	58	株式会社斯巴鲁	280
38	武汉理工大学	473	59	西安交通大学	268
39	广州汽车集团股份有限公司	465	60	雅马哈发动机株式会社	264
40	同济大学	431	61	重庆大学	259
41	上海神力科技有限公司	430	62	大连理工大学	252
42	重庆长安汽车股份有限公司	419	63	三洋电机株式会社	241
43	株式会社东芝	395	64	住友电气工业株式会社	231
44	大众汽车有限公司	390	65	力帆实业（集团）股份有限公司	226
45	新源动力股份有限公司	371	66	大连融科储能技术发展有限公司	225
46	株式会社LG化学	351	67	北京汽车集团越野车有限公司	222
47	华南理工大学	338	68	深圳市沃特玛电池有限公司	218

排名	单位	专利数	排名	单位	专利数
69	天津大学	217	75	武汉格罗夫氢能汽车有限公司	195
70	合肥工业大学	211	76	东方电气（成都）氢燃料电池公司	187
71	重庆长安新能源汽车科技有限公司	201	77	上海中科深江电动车辆有限公司	186
72	保时捷股份公司	200	78	全耐塑料高级创新研究公司	175
73	福州大学	199	79	西门子公司	174
74	奥动新能源汽车科技有限公司	197	80	腓特烈斯港齿轮工厂股份公司	173

注：根据智慧芽专利数据库检索，将申请人排名 100 名的相关单位整合后重新排名，检索时间为 2020 年 12 月 4 日。

（三）申请趋势分析

从申请趋势来看，国内专利申请量一直呈明显上升趋势，如图 4-4 所示，国内外申请量比较可以划分为三个阶段。一是 2009 年前，国内申请量低于国外申请量；二是 2009~2013 年，国内和国外申请量基本持平；三是从 2013 年至今，国内超过国外申请量，并呈现出快速增长状态，而国外申请量却停滞不前，还出现微弱的下滑态势，说明专利申请存在一定的挤出效应。

根据省域检索数据，如图 4-5 所示。选取了 25 个省份数据，去掉了数量较少的不发达省份，如青海、西藏、新疆、海南、宁夏、甘肃 6 个省份。全国各省新能源汽车技术申请量均不断提高，但专利申请主要集中在江苏、广东、北京、浙江、上海、安徽等省份。从专利申请量看，广东和江苏不相上下，江苏甚至略高于广东，但去除失效专利后，从现在的有效专利看，广东数据超过江苏，说明广东专利申请的有效性高于江苏。从申请人结构看，江苏高校资源相对丰富，高校申请占比高于广东，说明江苏的研发更依赖于国家的投入，而广东则更依赖于市场行为，也更容易商业化，更具有经济价值。

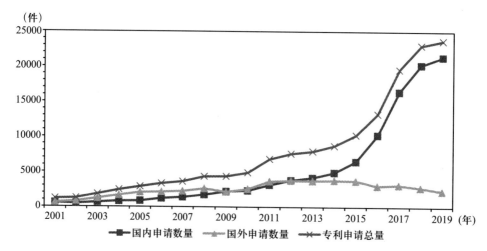

图 4-4　历年在中国申请的新能源汽车技术有效专利数量

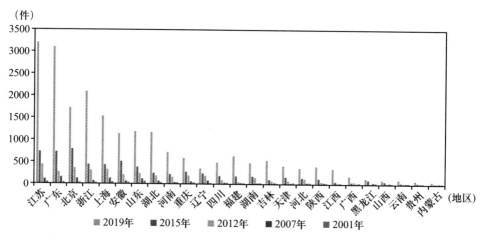

图 4-5　主要省份的新能源汽车技术有效专利申请量

从申请国别看，如图 4-6 所示，中国及排名前五的国家历年申请比例中 5 个国家排名相对比较稳定，日本始终处于领先的位置，我国在 2008 年才超过日本占据申请数量首位。

虽然中国专利申请量占据主导地位，但并不代表中国新能源汽车技术达到了世界的领先水平，可以通过叠加检索欧洲（EPO）和世界知识产权组织（WIPO）的专利数据库，根据同样的 IPC 分类号检索，仅选取有效和审查专利，结果如图 4-7 所示，可以发现排前五的是日本、德国、美国、法国和韩国，实力最强的依然是这 5 个国家，而中国排名第 7，其中德国和美国，法国和韩国换了位置，可能原因是选用了欧洲的专利数据库。中国的专利申请量近几年在不断追赶中，现在基本与韩国和法国持平。

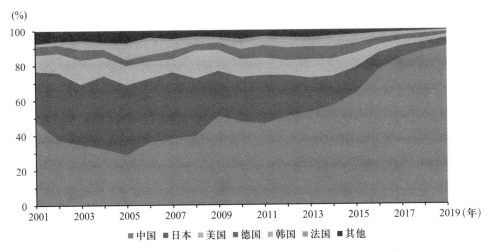

图 4-6　主要国家新能源汽车技术的中国专利申请占比趋势

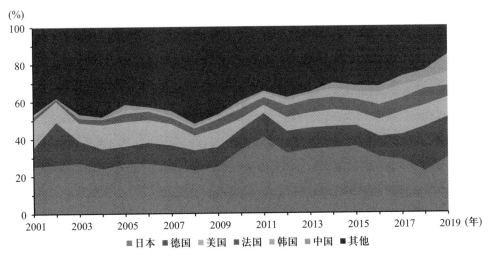

图 4-7　主要国家新能源汽车技术的 EPO 和 WIPO 专利申请占比趋势

三、传统汽车专利数据分析

（一）专利类别选择

采用同样的方式选择样本和数据，代表传统燃油汽车技术水平的 IPC 分类码选择如表 4-4 所示。

表 4-4　传统燃油汽车主要技术专利的 IPC 类型选择

IPC 分类码	专利内容
F02B	活塞式内燃机；一种燃烧发动机
F02D	燃烧发动机控制
F02F	燃烧发动机的气缸、活塞或曲轴箱；燃烧发动机的密封装置
F02M	一般燃烧发动机可燃混合物的供给或其组成部分
F02N	燃烧发动机的启动
F02P	除压缩点火之外的内燃机点火；压缩点火发动机正时的测试

（二）总体水平分析

根据传统燃油汽车 IPC 分类码检索可得图 4-8。在传统燃油汽车专利申请量中，国内申请量占比为 62%，国外申请量主要集中在排名前五的国家，和新能源汽车领域基本一致，仍然是日本、美国、德国、韩国和法国，其他国家申请总量合计占比为 4%。从总体上看，传统燃油汽车领域在中国技术实力比较强的是日本、美国和德国，分别为 16%、9% 和 7%。

从申请单位来看，如表 4-5 所示。排名前五的是丰田、博世、福特、本田和通用，主要是日、美、德所属的跨国企业，和新能源汽车头部企业基本相同。国内企业排名前五的汽车公司是吉利、江淮、一汽、长城和奇瑞，国企和民企技术创新发展各有千秋，而比亚迪这里排名仅为 41，可能该企业的战略重心在新能源汽车领域。高校进入前 80 名的有 10 家，整体表现不如新能源汽车方面，其中，科研实力排名为哈尔滨工程大学、天津大学、吉林大学、上海交通大学、北京理工大学、清华大学、江苏大学、大连理工大学和浙江大学，和新能源汽车领域排名差异较大，说明两类技术研发主体并不具有强相关性。

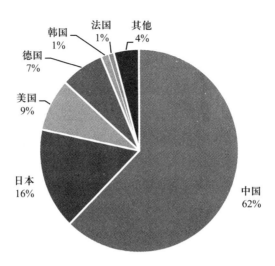

图 4-8 中国燃油汽车技术专利申请量主要国家占比

表 4-5 中国传统燃油汽车技术专利申请人排名（件）

排名	申请（专利权）人	专利数	排名	申请（专利权）人	专利数
1	丰田自动车株式会社	5415	15	安徽江淮汽车集团股份有限公司	1060
2	罗伯特·博世有限公司	3946	16	中国第一汽车股份有限公司	979
3	福特环球技术公司	3599	17	长城汽车股份有限公司	914
4	本田技研工业株式会社	3573	18	奇瑞汽车股份有限公司	860
5	通用汽车环球科技运作有限公司	3237	19	东风汽车集团有限公司	851
6	潍柴动力股份有限公司	2599	20	哈尔滨工程大学	730
7	株式会社电装	1925	21	博格华纳公司	671
8	广西玉柴机器股份有限公司	1788	22	卡特彼勒公司	636
9	三菱自动车工业株式会社	1769	23	马自达汽车株式会社	616
10	浙江吉利控股集团有限公司	1452	24	起亚自动车株式会社	615
11	日产自动车株式会社	1411	25	重庆长安汽车股份有限公司	604
12	现代自动车株式会社	1348	26	力帆实业（集团）股份有限公司	588
13	日立汽车系统株式会社	1330	27	雅马哈发动机株式会社	542
14	大陆汽车有限公司	1157	28	曼恩能源方案有限公司	491

排名	申请（专利权）人	专利数	排名	申请（专利权）人	专利数
29	天津大学	476	51	江苏大学	264
30	吉林大学	458	52	重庆宗申发动机制造有限公司	257
31	铃木株式会社	418	53	马勒国际有限公司	252
32	五十铃自动车株式会社	416	54	泛亚汽车技术中心有限公司	249
33	北汽福田汽车股份有限公司	410	55	盖瑞特交通一公司	240
34	隆鑫通用动力股份有限公司	409	56	中国北方发动机研究所（天津）	236
35	洋马株式会社	397	57	奥迪股份公司	222
36	爱三工业株式会社	380	58	安德烈亚斯·斯蒂尔两合公司	220
37	大众汽车有限公司	354	59	川崎重工业株式会社	220
38	上海汽车集团股份有限公司	353	60	宝马股份公司	219
39	上海交通大学	323	61	SEG汽车德国有限责任公司	202
40	北京理工大学	317	62	德尔福知识产权有限公司	202
41	比亚迪股份有限公司	305	63	大连理工大学	200
42	曼·胡默尔有限公司	303	64	北京中清能发动机技术有限公司	198
43	中国重汽集团济南动力有限公司	302	65	重庆宗申通用动力机械有限公司	197
44	株式会社京浜	302	66	日本特殊陶业株式会社	192
45	联合汽车电子有限公司	302	67	三阳工业股份有限公司	191
46	光阳工业股份有限公司	298	68	雷诺股份公司	191
47	清华大学	292	69	北京汽车动力总成有限公司	188
48	瓦锡兰芬兰有限公司	289	70	曼胡默尔滤清器（上海）有限公司	183
49	株式会社IHI	281	71	日本发动机股份有限公司	180
50	株式会社小松制作所	274	72	浙江大学	180

续表

排名	申请（专利权）人	专利数	排名	申请（专利权）人	专利数
73	舍弗勒技术股份两合公司	180	77	湖南天雁机械 有限责任公司	164
74	重庆小康工业集团股份 有限公司	177	78	中国船舶重工集团公司 第 711 所	163
75	广州汽车集团股份 有限公司	174	79	株式会社久保田	161
76	无锡隆盛科技股份 有限公司	170	80	曼卡车和巴士股份公司	160

注：根据智慧芽专利数据库检索，将申请人排名 100 名的相关单位整合后重新排名，检索时间为 2020 年 12 月 4 日。

四、申请趋势分析

通过检索历年传统燃油汽车相关专利技术的申请量，如图 4-9 所示。每年的专利申请量一直处于平稳的上升趋势，国内外申请比较而言，分为三个阶段：一是 2006 年前，国内申请量低于国外申请量；二是 2006~2011 年，国内外申请量增长速度和申请量基本相同；三是 2012 年至今，国内申请量仍然呈现平稳的上升倾向，而国外申请量基本保持稳定，并呈现出微弱的向下趋势。和新能源汽车相关技术比较而言，基本呈现出一致的发展趋势，我国技术创新在快速追赶中。

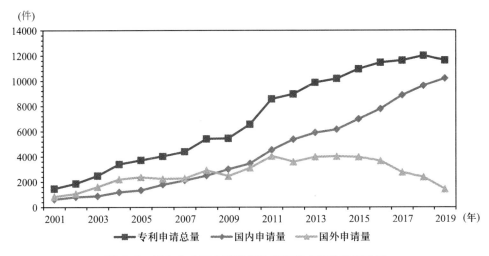

图 4-9　历年在中国申请的燃油汽车技术有效专利数量

从省域数据来看，如图 4-10 所示。省份排名顺序是根据专利申请总量进行的，反映各省的传统燃油汽车的技术创新能力，排前五的是江苏、浙江、山东、重庆和安徽，和新能源汽车专利排名差别较大，特别是广东仅排在第 8 位，北京和上海分别排第 7 位和第 6 位，说明传统燃油汽车技术创新方面受历史因素的影响，和现在的经济实力并不存在强相关性，而江苏两方面技术创新均排第一名，两类技术创新之间存在相互影响，但又不是绝对的，还受到很多其他因素的影响。作为传统工业强省的东三省及相对落后的西部地区，均处于较弱的位置。比较而言，说明经济发达地区更倾向于发展新能源汽车技术，代表着未来汽车领域的发展方向。

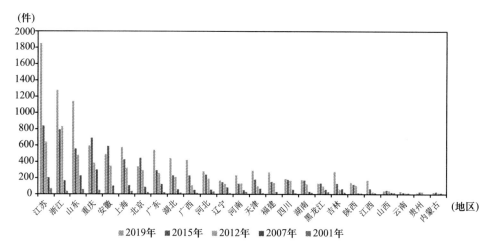

图 4-10　主要省份的燃油汽车技术有效专利申请量

从申请国家看，如图 4-11 所示。日本仍然处于领先的位置，我国申请量在 2006 年超过日本后占据首位，比新能源汽车专利申请提前 2 年。除排名前五的国家外，其他国家的专利申请占的比例比新能源汽车方面高，这一点比较好理解，因为传统燃油汽车发展历史较长，较多国家都有一定的技术基础，竞争也更为激烈，研发投入也较多。同样，国内申请占绝对优势并不代表我国技术处于绝对领先位置，还需要看其他专利数据库情况。

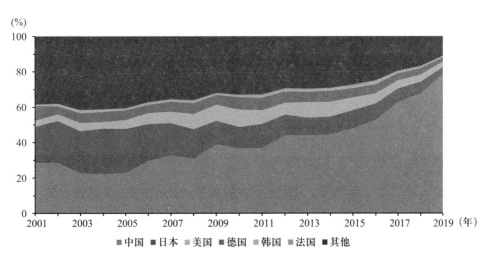

图 4-11　主要国家燃油汽车技术的中国专利申请占比趋势

技术创新水平同样可以参考 EPO 和 WO 数据库中的专利申请量，同样选用有效和审查中的数据。如图 4-12 所示，排名前五的是日本、德国、美国、法国和瑞典，韩国排第 8 名，而中国排第 13 名。中国在传统燃油汽车技术创新方面实际上与发达国家还有较大的差距，综合实力相对水平落后于新能源汽车方面，毕竟传统燃油汽车中国相对起步较晚，差距较大，赶上来比较困难。总之，日本、德国和美国的两类技术创新均处于领先的水平，我国与之相比还存在较大差距。

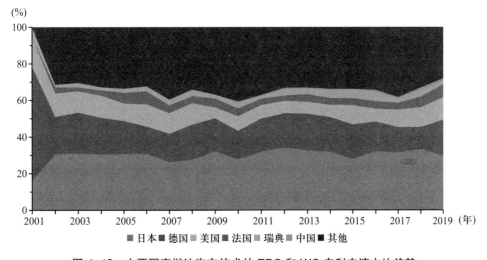

图 4-12　主要国家燃油汽车技术的 EPO 和 WO 专利申请占比趋势

五、新能源汽车和传统燃油汽车专利数据的综合评价

汽车行业的快速发展极大地促进了我国相关技术水平的进步。专利数据可以间接反映地区或企业的技术水平和创新能力。根据检索数据可知，我国新能源汽车和传统燃油汽车的科研创能水平基础均相对较为薄弱，且都呈现出快速增长的趋势，在国内已经占据了绝对的优势地位，但在国际上离先进发达国家仍有较大的差距。原因可能是在核心关键技术上还未达到领先地位，或者国外技术并未在中国注册，才形成国内和国际地位不匹配的状态，如全球新能源汽车的龙头企业特斯拉在我国申请的专利数就很少。从专利申请水平看，国际上两类技术水平领先的第一梯队是日本、德国和美国，第二梯队是法国、韩国和瑞典。特别是日本的技术创新水平，现在处于绝对领先的地位。而我国国内技术创新的快速发展也促进了国际竞争力的提高，正处于追赶中，特别是新能源汽车国际专利申请量能排名第7已相当不容易，显然，新能源汽车技术的国际影响力要高于传统燃油汽车。

从专利申请主体看，一是国外汽车龙头企业仍然有两类专利技术占有绝对的优势，国内专利申请中企业申请量强于高校，说明国内企业具有较强的专利保护意识，专利技术涉及企业的核心利益，也间接反映了我国对于知识产权保护力度加强和企业保护意识的提高。二是两类专利技术创新对于企业而言具有相关性，但并不具有绝对强相关性。如丰田、本田和通用的两类技术专利申请量均处于领先地位，但比亚迪、蔚来、北京新能源等汽车公司在传统燃油汽车技术方面并不具有优势，但是在新能源汽车方面却能占据一定的位置。原因可能和我国鼓励新能源汽车发展有较大的关系。对于高校也同样如此，两类技术专利申请量高校排名并不具有一致性。三是从企业性质看，在新能源汽车领域民营企业技术创新强于国有企业，而传统燃油汽车领域则正好相反，说明民营企业更能把握市场方向，而国有企业技术研发转向相对较为困难。

从国内省份的差异看，一是经济发达的省份技术创新均处于领先位置，江苏、浙江、北京、上海、山东等均处于相对领先的位置，而内蒙古等西部地区省份技术水平相对较低。特别是新能源汽车领域更为明显，如广东、北京和上海等排名均比较靠前。二是全国各省技术水平均处于不断增长的趋势，新能源汽车技术水平增长更为明显。特别是2012年后出现了加速增长的趋势。三是从区域层

面看，传统燃油汽车技术对新能源汽车技术存在着相关性，但并不存在绝对的强相关性。从排名前十的省份比较可以看出，两类技术水平的省份并不具有一致性，江苏均排名第一，但广东新能源汽车技术和传统燃油汽车技术分别排名第2和第8，而山东分别排名第7和第3，总的来看，具有传统汽车产业领先的区域并没有在新能源汽车技术创新方面显示出绝对的优势。

根据前面对清洁技术创新的理论分析，对汽车领域两类技术创新的影响分析，需要进一步研究一系列的重要问题：促进新能源汽车技术创新的影响因素中，传统燃油汽车技术水平存在溢出效应还是挤出效应？鼓励新能源汽车产业发展的政策对技术创新是否存在显著的影响？国外技术发展对国内技术创新是否具有显著的溢出效应？地区经济水平差异对新能源汽车技术创新的影响是否存在差异？环境政策是否对新能源汽车技术创新具有倒逼效应？其中，新能源汽车可以代表清洁技术，而传统燃油汽车可以代表肮脏技术，新能源汽车的激励政策和产业发展也经过了20多年的发展，能够作为研究清洁技术创新的经典案例。

第三节 偏向性政策对汽车技术创新的转轨效应分析

一、研究设计

（一）检验假设

根据理论分析，促进技术创新转轨的主要因素分为五类，对于汽车领域同样如此。这里实证分析重点从以下方面进行测度。

一是技术创新的自我促进和交互效应。技术进步都是站在"巨人的肩膀"上进行的，新技术不可能凭空而来，一定是在原有技术水平上的不断开拓和创新，两类汽车技术虽然有较大的差异，但也有很多相通的原理，因此，两类技术创新过程之中，相互之间同时存在着溢出效应和抑制效应。

二是政策培育新能源汽车市场需求的拉动效应。对于传统燃油汽车而言，技术和市场均比较成熟和完善，没有外力干预，企业很难自发转向新能源汽车领域。政府为了环境保护和可持续发展目标，通过政策培育新市场诱导企业技术研发投资转轨，如通过政府直接购买、企业税收减免、节能环保宣传引导消费、消费者购买补贴、车牌和通行优惠措施、充电桩等基础设施的配套建设等政策手段，均能够扩大新能源汽车的市场份额，进而推动新能源汽车的技术研发和创新。

三是环境规制的倒逼效应。环境规制主要是从限制传统燃油汽车的角度，引导企业转向新能源汽车的技术研发和投资。政府提高对生态环境保护的要求，不断增加环境保护的投入，逐步提高传统燃油汽车的生产成本和使用成本，如汽车燃油价格上升，促使企业调整发展战略，自发转向新能源汽车的研发和生产。

四是研发投入的推动效应。如果是中性的研发资助政策，那么两类技术都会得到发展，但燃油汽车技术成熟，可能发展的速度快于新能源汽车技术。如果是偏向新能源汽车的政府专项研发投入，那么会促使新能源汽车技术发展速度快于燃油汽车技术，进而产生技术创新转轨效应。

五是国际因素的影响。如果增加新能源汽车及其零部件的净出口，则等价于扩大市场需求，有利于促进新能源汽车技术创新，会抑制燃油汽车技术创新。如果新能源汽车技术和燃油汽车技术分别代表清洁技术和肮脏技术，那么基于以上结论，可以归纳并提出两个检验假设命题：

假设 1：偏向性政策（如培育清洁技术产品的国内外市场规模、提高环境规制强度、清洁技术的专项研发投入等）能够有效激励清洁技术创新和抑制肮脏技术创新，致使技术创新向清洁技术方向转轨。

假设 2：相同类别的技术创新具有路径依赖效应，而相关的清洁技术与肮脏技术相互之间同时具有溢出效应和抑制效应，相互总效应取决于两种效应之和。

（二）指标选取与数据说明

指标选择要考虑数据的真实性、可得性和完整性，为了研究政策的影响，故采取省际面板数据分析的方式展开研究。根据专利数据和汽车产业发展的实际情况，这里去除新疆、西藏、青海、宁夏、内蒙古和海南等省份，以及香港、澳门和台湾地区，研究范围为剩余的 25 个省级地区。因为我国新能源汽车市场是 2007 年，专利数据库存在一定的滞后性，所以数据时间范围限制在 2007~2018 年。各项指标的选取要根据研究所需，选择更为接近反映其经济含义的代理性指标，或进行合理性处理以达到研究要求，综合考虑，指标选取和数据说明如下：

1. 技术创新指标

技术创新水平采用专利申请量表示，新能源技术表示为清洁技术（*tc*），燃油汽车表示为肮脏技术（*td*），两类技术创新水平使用前文中的专利代码进行检索，检索专利范围为有效专利和审查中的专利之和，不包含外观设计专利。为了分析专利技术的自我促进和交互效应，在此基础上构造一组反映前期技术水平的解释变量，采用王俊等（2015）的处理方式，通过永续盘存法的方式来计算专利技术的累积存量，计算公式为

$$k_{i,t} = (1-\delta)k_{i,t-1} + t_{i,0} \qquad (4.1)$$

式中，$k_{i,t}$ 表示第 i 省 t 期的累积技术创新水平；$t_{i,0}$ 表示第 i 省的基准技术水平，这里采用各省 2001~2006 年的平均值作为技术创新的基准量，δ 为折算系数，取值为 20%，因此，对于各省而言均有两类专利技术，可以分别构造四个解释变量，分别为省内新能源汽车技术累积存量（$kntc_{i,t}$）和燃油汽车技术累积存量（$kntd_{i,t}$），省外新能源汽车技术累积存量（$ketc_{i,t}$）和燃油汽车技术累积存量（$ketd_{i,t}$）。

2. 市场需求指标

新能源汽车作为我国战略性新兴产业，获得了政府长期的全方位的支持，各种直接激励新能源汽车发展的政策均可以反映为新能源汽车市场规模的扩大。新能源汽车销售只有每年的总体性数据，为了体现各省对新能源汽车的政策影响差异，需要对新能源汽车销售量进行赋权处理，各省每年的权重分为两个部分：一是每年各省汽车产量占当年汽车总产量的比重（$\omega_{i,t}^1$），各省汽车产量表示了各省汽车产业的规模，汽车产业规模越大获得政府的关注越多，受到政策的影响程度越大，所以，此权重能代表政府培育市场需求的政策力度差异；二是每年各省人均地区生产总值占人均地区生产累加值的比重，主要反映地区消费者的经济水平，该比重越大说明该地区居民越富裕，对生态环境保护的要求更高，对新能源汽车的接受度和接受能力更大，对新能源汽车的购买潜力越强。两个权重各赋50% 即可得到各省的赋值权重，结合新能源汽车的市场销售量，即可以得到各省新能源汽车的市场需求指标，计算公式为

$$wsc_{i,t} = (0.5\omega_{i,t}^1 + 0.5\omega_{i,t}^2)sc_t \qquad (4.2)$$

式中，sc_t 表示 t 期新能源汽车的销售量，$wsc_{i,t}$ 表示第 i 省 t 期的赋权后的市场需求量。权重系数反映了政策培育新能源汽车市场的政策力度，该值越大，说明政策所产生的市场需求规模越大，带来的技术创新转轨效应也应该越大。新能源汽车销售量可以从《中国汽车工业统计年鉴》获得，权重系数可以根据历年

《中国统计年鉴》中"人均地区生产总值"和"地区汽车产量"分别计算获取。

3. 环境规制指标

环境规制指标没有统一的计算方法，根据数据的可得性和稳定性，为了体现环境规制程度的省际差异，这里选用两个指标加总构建：一是各省地方财政环保支出占地方预算一般收入的比重，这个指标可以表示各省对环保支出的强度，反映当地政府对环境重视程度的综合性差异，既包括环保基础设施建设，也包括环境污染的治理投入。二是各省工业污染治理投资占地方工业增加值的比重，这个指标同样是各省对环境保护强度的差异，重点体现高污染的工业部门的污染治理强度，是对第一个指标的补充。因此，将两个指标各取 50% 加权即得到各省每年的环境规制指数（$wer_{i,t}$），能够较为合理地反映各地环境规制强度的差异。各省历年的"地方财政环保支出""地方预算一般收入""工业污染治理投资"和"地方工业增加值"等指标数据可以通过历年《中国统计年鉴》获取，通过计算处理即可得到环境规制指标。

4. 研发投入指标

政府对研发的投入资金分为国家财政和地方财政两个部分，国家各地研发投入政府资金指标因为统计口径的变化需要进行折算，难以准确计算，为了避免数据谬误，这里考虑用地方财政科技支出作为政府研发资助的代理指标。按照我国的科研体制，各地获得的国家财政研发资助额度取决于各地科研机构和科研能力的强度，地方财政往往进行配套的研发投入，如果近似认为国家财政研发投入资金的各省分配比例与各省地方财政投入资金的比例等同，则采用地方财政科技支出指标是合理的替代指标，能准确度量政府研发投入对技术创新影响的程度差异。该指标还存在两个问题：一是该指标只是政府的研发投入，不能区分对汽车相关技术的研发投入，这一点可以假设每年各省对各类汽车研发支出比重相同，则该指标不受影响。二是该指标不能区分新能源汽车和燃油汽车研发的投入差异，总研发投入用于新能源汽车的比例应该是逐年上升的，因此该指标对两方面技术研发创新均有影响，影响程度需要根据计量分析结构进行讨论。这里各省每年的政府研发投入资金指标可以表示为 $rd_{i,t}$，数据直接通过历年《中国统计年鉴》获取。

5. 国际影响因素指标

选择衡量国际因素影响两类汽车技术创新的指标比较困难，同样只能用总量指标作为替代变量，新能源汽车及其零部件的进出口对技术创新的影响是相反的效应，所以这里用"出口总额/进口总额"指标表示国际因素的影响，该指标既可以去除物价的影响，也可以反映进出口的影响方向，该指标对两类技术创新的影响要根据计量分析结果进行讨论。由于我国现在是一个进出口贸易大国，如果我国历年新能源汽车及其零部件占进出口比重呈上升趋势，那么该变量会促进新能源汽车技术创新。所以，可以根据计量分析结果反过来说明新能源汽车相关技术产品在进出口的份额变化。以各省份每年的对外贸易出进口比来表示国际影响因素指标（$xm_{i,t}$），各省进出口数据通过历年《中国统计年鉴》获取，进行简单换算即可得到各省指标数据。

（三）计量模型与变量特征

技术创新指标选择用专利申请量替代，那么该指标就具有了正整数和不连续的特征，计量分析可以选用计数数据分析方法，应用较为广泛的计量模型是泊松估计和负二项式估计，本书主要选用泊松模型进行估计，基本估计模型为

$$y_{i,t} = \exp(\beta_x x_{i,t})\eta_i + u_{i,t} \tag{4.3}$$

式中，被解释变量 $y_{i,t}$ 是指 $tc_{i,j}$ 或 $td_{i,j}$，$u_{i,t}$ 为随机误差项，η_i 为固定效应，β_x 为被解释变量相对于解释变量的弹性系数，$x_{i,t}$ 为解释变量，需要将上述五类指标进行取对数处理，上述指标分为三类：

一是技术创新的自我促进和交互效应指标。当期技术创新取决于上期的技术累积存量，所以解释变量需要选取滞后一期的对数值。可以分为四个变量：反映各省新能源汽车技术和燃油汽车技术的路径依赖和交互效应指标，即各省历年两类技术累积存量的对数值（$\ln kntc_{i,t-1}$ 和 $\ln kntd_{i,t-1}$），各省之外历年两类技术累积存量的对数值（$\ln ketc_{i,t-1}$ 和 $\ln ketd_{i,t-1}$）。

二是新能源汽车发展促进政策的替代性指标，这里分为四个指标：促进新能源汽车市场规模的政策，均反映为新能源汽车市场销售量，所以选取加权新能源汽车规模的对数值（$\ln wsc_{i,t}$）；反映环境规制倒逼新能源汽车技术创新的指标，即滞后一期各省历年环境规制指数的对数值（$\ln er_{i,t-1}$）；反映政府研发支出直接促进技术创新的指标，即各省历年政府财政科技支出的对数（$\ln rd_{i,t-1}$）；反映国际因素促进国内技术创新的指标，即各省历年出口进口比的对数（$\ln xm_{i,t-1}$）。

三是面板数据分析的控制变量，即人均地区生产总值的对数（$\ln gdp_{i,t}$）和

年份虚拟变量（T_t）。综上所述，可以将这些指标代入式（4.3）即可得到计量分析方程式

$$tc_{i,t} = \exp(\beta_{c,s}\ln wsc_{i,t} + \beta_{c,e}\ln er_{i,t-1} + \beta_{c,r}\ln rd_{i,t-1} + \beta_{c,x}\ln xm_{i,t-1} + \beta_{c,1}\ln kntc_{i,t-1} +$$
$$\beta_{c,2}\ln kntd_{i,t-1} + \beta_{c,3}\ln ketc_{i,t-1} + \beta_{c,4}\ln ketd_{i,t-1} + \beta_{c,g}\ln gdp_{i,t} + T_t)\eta_i + u_{i,t}$$

$$（4.4）$$

$$td_{i,t} = \exp(\beta_{d,s}\ln wsc_{i,t} + \beta_{d,e}\ln er_{i,t-1} + \beta_{d,r}\ln rd_{i,t-1} + \beta_{d,x}\ln xm_{i,t-1} + \beta_{d,1}\ln kntc_{i,t-1} +$$
$$\beta_{d,2}\ln kntd_{i,t-1} + \beta_{d,3}\ln ketc_{i,t-1} + \beta_{d,4}\ln ketd_{i,t-1} + \beta_{d,g}\ln gdp_{it} + T_t)\eta_i + u_{i,t}$$

$$（4.5）$$

另外，可以将式（4.3）变换的方式将被解释变量处理为非计数数据，等价于式（4.3）的公式可以写为

$$\ln(1 + y_{i,t}) = \beta_x x_{i,t} + \alpha_x + e_{i,t}$$

$$（4.6）$$

为了研究解释变量对两种技术创新的影响差异，可以令 $tcd_{i,t}=\ln(1+tc_{i,t})-\ln(1+td_{i,t})$，因此根据式（4.4）和式（4.5）可以得到估计方程

$$tcd_{i,t} = \ln wsc_{i,t}(\beta_{c,s} - \beta_{d,s}) + \ln er_{i,t-1}(\beta_{c,e} - \beta_{d,e}) + \ln rd_{i,t-1}(\beta_{c,r} - \beta_{d,r}) + \ln xm_{i,t-1}(\beta_{c,x} - \beta_{d,x}) +$$
$$\ln kntc_{i,t-1}(\beta_{c,1} - \beta_{d,1}) + \ln kntd_{i,t-1}(\beta_{c,2} - \beta_{d,2}) + \ln ketc_{i,t-1}(\beta_{c,3} - \beta_{d,3}) + \ln ketd_{i,t-1}(\beta_{c,4} -$$
$$\beta_{d,4}) + \ln gdp_{it}(\beta_{c,g} - \beta_{d,g}) + (\alpha_c - \alpha_d) + e_{i,t}$$

$$（4.7）$$

通过式（4.7）估计方法可以采取最小二乘法直接计算省际面板数据，得出的影响系数反映了解释变量对两类技术影响的差异，具体为式（4.5）与式（4.6）各估计系数的差值。上述计算方程所选指标的统计性特征可以归纳为表4-6。

表4-6　变量描述与统计性特征

变量	描述	Mean	Std.Dev	Min	Max
$tc_{i,t}$	新能源汽车专利申请量	253.2533	404.5035	4	2797
$td_{i,t}$	燃油汽车专利申请量	216.9333	229.7088	5	1457
$\ln wsc_{i,t}$	新能源汽车加权销售量的对数	7.0911	2.3725	2.6546	11.7218
$\ln wer_{i,t-1}$	环境规制指数的对数	−3.5875	0.5184	−5.0755	−2.5375
$\ln rd_{i,t-1}$	地方财政科技投入额的对数	4.1302	0.9585	2.1679	6.9419
$\ln xm_{i,t-1}$	对外贸易出进口比的对数	0.7627	0.2664	0.2268	1.5906
$\ln kntc_{i,t-1}$	省内新能源汽车专利累积量对数	5.1793	1.3395	1.6487	8.4321

续表

变量	描述	Mean	Std.Dev	Min	Max
$\ln kntd_{i,\,t-1}$	省内燃油汽车专利累积量的对数	5.3856	1.0822	2.3734	7.8028
$\ln ketc_{i,\,t-1}$	省外新能源汽车专利累积量对数	9.5454	0.3645	8.7395	9.9645
$\ln ketd_{i,\,t-1}$	省外燃油汽车专利累积量的对数	9.4778	0.5640	8.5398	10.5617
$\ln gdp_{i,\,t}$	人均地区生产总值的对数	10.6090	0.5619	8.9718	11.9388

注：样本数量为 300。i 表示省份，除去青海、西藏、宁夏、甘肃、海南和新疆六省，共 25 个省份；t 表示年份，所有变量数据范围均为 2007~2018 年。

二、实证分析

计数面板数据分析的文献中，泊松模型的设定较为普遍，但泊松模型要求等离差性质过于严苛，即均值和方差要求相等的性质，一般难以满足，采取负二项分布模型进行估计是较好的替代方式。从统计性描述可以发现，新能源汽车技术和燃油汽车技术并不能完全满足此项要求，所以这里首先选用泊松模型进行估计，然后通过负二项式分布估计等方式进行稳健性检验。

（一）泊松模型估计

根据豪斯曼检验认为应该选用固定效应模型，所以运用 Stata 软件分别对式（4.5）和式（4.6）进行了固定效应的泊松模型估计。经初步估算，是否控制人均地区生产总值和年份虚拟变量会对结果产生较大差异，可以认为变量数据间存在着双向固定效应，需要控制时间因素，所以这里仅报告变量控制后主要因素对新能源汽车技术和燃油汽车技术创新的影响情况，并且采用了分步回归的方式。另外，对式（4.7）进行了组间估计量的固定效应模型估计，该变量衡量的是两类技术创新的差异性，所以仅控制各省人均地区生产总值变量。上述估计的主要结果如表 4-7 所示，可以得到以下几方面的结论。

表 4-7 汽车专利申请量主要影响因素的面板数据分析

变量	新能源汽车技术专利申请量				燃油汽车技术专利申请量				tcd
	（1）	（2）	（3）	（4）	（5）	（6）	（7）	（8）	（9）
$\ln wsc_{i,\,t}$	0.403***	0.391***	0.410***	0.408***	0.0740	0.0852*	0.0544	0.0620	0.0944**
	（9.76）	（9.44）	（9.72）	（9.63）	（1.74）	（1.99）	（1.26）	（1.43）	（2.93）

变量	新能源汽车技术专利申请量				燃油汽车技术专利申请量				tcd
	（1）	（2）	（3）	（4）	（5）	（6）	（7）	（8）	（9）
$\ln rd_{i,t-1}$		0.190*** （7.64）	0.216*** （7.94）	0.210*** （7.50）		0.256*** （9.20）	0.202*** （6.93）	0.212*** （7.10）	−0.308* （−2.20）
$\ln wer_{i,t-1}$			0.0504* （2.35）	0.0535* （2.45）			−0.139*** （−6.03）	−0.143*** （−6.17）	0.0694 （0.67）
$\ln xm_{i,t-1}$				0.0461 （0.80）				−0.0818 （−1.54）	0.189 （0.84）
$\ln kntc_{i,t-1}$	0.545*** （17.39）	0.524*** （16.64）	0.531*** （16.80）	0.530*** （16.73）	0.0625* （2.12）	0.0345 （1.17）	0.0256 （0.86）	0.0270 （0.91）	0.495*** （5.08）
$\ln kntd_{i,t-1}$	−0.122** （−3.09）	−0.208*** （−5.08）	−0.221*** （−5.35）	−0.217*** （−5.22）	0.373*** （9.99）	0.274*** （7.06）	0.299*** （7.66）	0.290*** （7.35）	−0.415*** （−3.89）
$\ln ketc_{i,t-1}$	−0.895 （−1.83）	−0.167 （−0.34）	0.171 （0.33）	0.109 （0.21）	−1.075 （−1.77）	−0.341 （−0.56）	−1.154 （−1.85）	−1.036 （−1.65）	0.512* （2.26）
$\ln ketd_{i,t-1}$	−3.227*** （−3.59）	−5.070*** （−5.45）	−5.647*** （−5.86）	−5.466*** （−5.52）	1.796* （2.01）	−0.0318 （−0.03）	0.752 （0.82）	0.406 （0.43）	−0.851** （−3.10）
常数项	否	否	否	否	否	否	否	否	是

注：① 计量方法选用面板数据分析的固定效应的泊松模型（1）~模型（8）和普通固定效应模型（9）；② 回归分析均控制各省地区人均生产总值和年份的虚拟变量；③ 样本数量为275；④ 时间范围为2007~2018年；⑤ 括号中为 t 值；⑥ * 表示 $p < 0.05$，** 表示 $p < 0.01$，*** 表示 $p < 0.001$。

第一，新能源汽车市场规模的发展显著地促进了新能源汽车相关技术创新，但对燃油汽车相关技术创新的影响不显著。说明就目前的发展情况看，新能源汽车发展导向政策极大地促进了相关技术创新，但燃油汽车技术创新并未受其影响，暂时还没有产生替代效应。第（9）列的结果显示出新能源市场规模对两类汽车技术创新的影响具有显著的差异，也给出了同样的结论。从影响程度看，表中第（1）~（4）列的影响系数为0.4左右，在不断增加解释变量的情况下，保持了比较稳定和显著的特征，第（4）列是引入了所有解释变量的估计值，表示新能源汽车相关技术创新相对于市场规模的弹性系数，达到了0.408，已经具有较高的带动效应。因此，可以认为，随着在我国持续多年促进新能源汽车发展的政策驱动，我国新能源汽车技术取得了快速的发展，在促进技术创新方面取得了较好的政策效果，但和燃油汽车相比，市场规模还是相对较低，在技术创新层面上还没有产生抑制效应，从长期发展的趋势来看，随着新能源汽车市场规模的迅速发展，该指标会出现负值，促进新能源汽车技术创新对燃油汽车技术创新的替代效应。

第二，政府的研发投入资助对两类汽车技术创新均有显著的影响，对新能源汽车技术创新的影响程度要高于燃油汽车技术创新。第（9）列中的估计值为 –0.308，并显示具有显著性，说明政府研发资助政策对新能源汽车技术创新的促进作用小于对燃油汽车的促进作用，相应比较第（2）~（4）列和第（6）~（8）列的估计值也可以发现具有同样的特征，但第（4）列的估计值为 0.210，只是略小于第（8）列的 0.212，已经非常接近。因为这里的政府科研投入指标是总的资金投入，没有区分两类技术研发的额度，从总量和比重上看，必然对燃油汽车技术创新的科研投入大一些，但从比重的变化趋势讲，政府对新能源汽车研发投入的增长率会相对增大，那么，从结构上看，因为新能源汽车技术创新的偏向性政策支持，新能源汽车技术研发的政府资金投入的比重会呈上升的趋势。同时，随着新能源汽车技术的发展，中性的研发支持政策也会使其获取更多的政府资金资助。因此，政府研发对新能源汽车技术创新的影响会呈上升的趋势，而对燃油汽车技术的创新会呈下降的趋势。

第三，环境规制强度对新能源汽车技术创新具有显著的促进作用，对燃油汽车技术创新具有显著的抑制作用。从估计指数看，对燃油汽车的抑制作用大于对新能源汽车技术的促进效应，而且相差较大，第（4）列中的促进效应是 0.0535，明显小于第（7）列中的抑制效应为 0.139。这里比较符合预期，从技术创新的角度，环境规制主要是通过环境税、提高排放标准等方式限制有污染的企业发展，倒逼企业生产和技术向清洁方向转型，企业并不会完全采用清洁技术替代，投资建设污染治理设施也是一种重要的手段，所以，环境规制强度可能长期存在着抑制肮脏技术高于促进清洁技术的状态。总体上，环境规制强度促进新能源汽车技术创新贡献率要低于政府直接研发资助和促进新能源汽车市场规模扩张的政策。

第四，对外贸易并没有显示出对两类技术创新的显著性影响，从第（4）列和第（8）列的结果均表现了一致的特征，第（9）列也没有显示出对创新差异性显著性影响的特征，基本可以说明截至 2018 年，对外贸易对我国汽车技术创新没有显著性影响。主要可能是因为进出口贸易数据中与汽车相关的进出口占比较低，因而该指标不能准确替代汽车及零部件进出口的实际情况，而且我国汽车技术一直不占有技术优势，新能源汽车市场规模较小，相关技术在国际上的竞争力也比较弱，从图4-7中也可以看出，我国新能源汽车技术的国际专利申请量并不具有优势，这也是我国持续鼓励新能源汽车技术创新的原因之所在，也是需要持续关注和努力的方向。

第五，两类汽车技术创新均具有显著的路径依赖特征，但两类技术创新之间不存在相互溢出效应，新能源汽车技术对燃油汽车技术创新不具有显著的作用，但燃油汽车技术对新能源汽车技术显示出了显著性的负向作用。第（9）列中两类技术累积存量的影响具有显著性，影响弹性系数分别为0.495和−0.415，验证了结论的一致性。从第（1）～（4）列中可以看出，新能源汽车技术累积存量和燃油汽车技术累积存量对新能源汽车技术创新的影响具有稳定的一致性，分别为相近技术的促进效应和不同技术的抑制效应，第（4）列中反映影响程度的弹性系数分别为0.530和−0.217，促进效应明显高于抑制效应，说明新能源汽车技术创新更大程度上依赖于技术存量，远超过燃油汽车技术存量的制约效应，体现了技术创新转轨方面具有弯道超车的可能性，并已经反映出了该发展趋势。从第（5）～（8）列中可以看出，燃油汽车技术创新一致性地依赖于已有的相关技术累积存量，而和新能源汽车技术不相关，说明两类技术上具有较大的差异，没有溢出效应，第（8）列中燃油汽车技术对已有技术累积量的影响弹性系数为0.290，此系数小于0.530，说明燃油汽车技术创新的已有技术的依赖程度相对低一些，燃油汽车技术已经达到了一定的水平，创新可能变得相对更为困难。

第六，省外汽车技术创新对省内同类技术创新没有溢出效应，即同类型的技术累积存量对两类技术创新的影响不显著；省外燃油汽车技术存量对新能源汽车技术创新具有显著的负向作用，但省外新能源汽车技术存量对燃油汽车技术创新的影响不显著。简单来说，是省外技术因素中除了燃油汽车技术累积存量会抑制省内新能源汽车技术创新外，其他均没有影响。省内技术创新受到省外技术水平的影响较小，说明省级之间的技术创新方面的合作交流不够，也意味着在汽车技术创新方面，知识产权得到了较好的保护，不具有外溢效应，技术创新主要取决于自身技术水平的积累，独立自主研发是技术创新的最根本路径。

总之，从政策效应层面看，促进新能源汽车技术创新的重要性依次为促进新能源汽车市场规模的政策、政府对研发的直接资助政策、环境规制政策，而政府对研发的直接资助政策和环境规制政策对燃油汽车技术创新分别具有促进作用和抑制作用。从技术存量影响看，两类汽车技术创新具有路径依赖特征，外部技术累积存量不具有知识溢出效应，外部和内部的燃油汽车技术存量对新能源汽车技术创新均产生了抑制作用。

（二）稳健性检验

为了防止出现谬误回归，这里分别从替换变量和估计模型的方式进行稳健性检验。

一是选用负二项式分布模型来替代泊松模型进行计量分析，同样选用固定效应的方式进行估计，两类汽车技术创新的计算结果如表4-8中的第（1）列和第（4）列所示。相较而言，与泊松模型估计的结果基本一致，包括变量的显著性、影响弹性系数的数值和符号等，但影响系数的估计值普遍小于泊松模型的估计。在新能源汽车技术的估计结果中，环境规制指标没有显示出显著性，在泊松模型估计的结果中仅有0.0535（p<0.05），负二项式估计结果相对减小，所以出现这种结果比较正常；其他指标特征和泊松估计一致；而对于燃油汽车技术的估计结果除了数值相比有所差异外，其他特征与泊松估计没有区别。因此，可以认为负二项式模型估计结果与表4-7中的结果是一致的。

表4-8 汽车专利申请量主要影响因素的稳健性分析

变量	新能源汽车技术专利申请量			燃油汽车技术专利申请量		
	（1）	（2）	（3）	（4）	（5）	（6）
$\ln wsc_{i,t}$	0.313** （2.87）	0.408*** （9.65）	0.340*** （6.80）	0.111 （1.02）	0.0666 （1.54）	−0.0175 （−0.34）
$\ln rd_{i,t-1}$	0.179* （2.53）	0.211*** （7.56）	0.114*** （3.81）	0.260*** （3.64）	0.216*** （7.29）	0.269*** （7.82）
$\ln wer_{i,t-1}$	0.0274 （0.48）		0.201** （2.92）	−0.0992 （−1.73）		−0.0653* （−2.21）
$\ln er_{i,t-1}$		0.0560** （2.63）			−0.140*** （−6.21）	
$\ln xm_{i,t-1}$	0.105 （0.73）	0.0469 （0.81）	−0.0395 （−1.45）	−0.122 （−0.88）	−0.0830 （−1.57）	−0.115 （−1.72）
$\ln kntc_{i,t-1}$	0.515*** （6.86）	0.529*** （16.72）		0.0216 （0.33）	0.0289 （0.98）	

续表

变量	新能源汽车技术专利申请量			燃油汽车技术专利申请量		
	（1）	（2）	（3）	（4）	（5）	（6）
$\ln kntd_{i,t-1}$	−0.262** （−2.87）	−0.217*** （−5.22）		0.397*** （4.85）	0.289*** （7.32）	
$\ln ketc_{i,t-1}$	−0.215 （−0.16）	0.129 （0.25）		−0.110 （−0.07）	−1.033 （−1.65）	
$\ln ketd_{i,t-1}$	−6.316* （−2.39）	−5.508*** （−5.56）		0.912 （0.36）	0.464 （0.49）	
$\ln tc_{i,t-1}$			0.351*** （12.96）			0.0310 （1.20）
$\ln tc_{i,t-2}$			0.117*** （4.48）			0.0222 （0.89）
$\ln tc_{i,t-3}$			−0.0939*** （−3.75）			−0.0109 （−0.45）
$\ln td_{i,t-1}$			0.0117 （0.37）			0.212*** （6.86）
$\ln td_{i,t-2}$			−0.173*** （−5.78）			0.0578 （1.92）
$\ln td_{i,t-3}$			−0.0856** （−2.89）			−0.0953*** （−3.83）
样本数量	275	275	200	275	275	200

注：①计量方法选用面板数据分析的固定效应的泊松模型（xtpoisson）和负二项式分布（xtnbreg）；②回归分析均控制各省地区人均生产总值和年份的虚拟变量；③负二项式分布模型估计（第（1）和第（4）列）包含常数项没有报告；④样本省份为25个，时间范围为2007~2018年；⑤括号中为 t 值；⑥ * 表示 $p < 0.05$，** 表示 $p < 0.01$，*** 表示 $p < 0.001$。

　　二是选择替换环境规制指标的方式重新估计，这里直接用指标"地方财政环境保护支出 / 地方预算一般收入"作为环境规制指标，经同样的方式处理，即选取滞后一期取对数（$\ln er_{i,t-1}$）后进入估计模型，仍然采用固定效应的泊松模型计算，得到的结果见表4-8中的第（2）列和第（5）列，与表4-7中的结果几乎完全一致，仅仅的差别是估计值有微小的差别，可以忽略不计，同样可以认为得到了一致性检验。

　　三是选用技术创新的滞后变量替代技术累积存量，即去掉原估计方程中的四个变量，计算方法仍是固定效应的泊松模型，采取逐步添加的方式增加两类技术水平的滞后期限，通过反复试算，最后根据滞后变量影响系数估计值的显著性，选取了滞后3期共6个变量来替代，计算结果报告见表4-8中的第（3）列和第（6）列，估计值的结果与表4-7有所差别，但是主要变量的显著性基本一致。新能源汽车技术滞后三期对相关汽车技术创新的影响系数均具有显著性，三期系数累计为正值，而对燃油汽车技术创新的影响系数均没有显著性；燃油汽车技术滞后三期对相关汽车技术创新显著性累计值为正，而对新能源汽车技术创新的影响系数累计值为负。这个结果同样体现了同类汽车技术创新的路径依赖特征，燃油汽车技术存量对新能源汽车技术创新具有抑制作用，反之则没有。所以用滞后变量替代累积存量依然得到了一致的结论。总之，通过三种变换的方式进行检验能够得到一致性的结论，可以认为通过了稳健性检验，泊松模型估计的结论成立。

三、小结

根据计量分析的结果可以判断，为了促进我国汽车技术创新从燃油汽车技术向新能源汽车技术转轨，偏向性政策起到了正向的激励或诱导作用，与假设1的命题基本吻合。特别是新能源汽车的市场培育和环境规制等政策显示出了显著性的特征，说明这两类政策在促进技术创新向清洁技术方向转轨的有效性。研发资助数据并没有区分对两类技术创新资助的差异，但同样出现了显著性特征，间接说明政府的研发资助资金中对新能源汽车的资助占比在扩大，产生了技术创新方向的转轨效应，而这一点在王俊（2015）的研究中并不显著，因此数据的更新带来了结果的差异，原因可能有两方面：一是研发资助资金对于新能源汽车资助占比的增加；二是研发资助的技术创新转轨效应存在着滞后效应。另外，两类技术创新的路径依赖特征与相互作用的关系也与假设2的命题基本吻合，技术创新之间的抑制效应和溢出效应难以区分，根据当前数据分析结果并未与命题2违背，但估计值只能反映总效应的大小，可能随着时间的推移和数据的变化，估计值会发生变化，所以，如果要掌握不同时期技术创新相关性，则需要长期跟踪数据。总之，我国汽车行业及相关数据可以作为分析政策激励技术创新转轨的典型案例，通过相关数据进行的实证分析结果，能很好地吻合理论分析中结论。

第四节　本章小结

　　理论分析的结论需要实证分析来验证，完全与理论吻合的实证研究数据难以获得，不具有可行性。随着世界各国不断提高对环境保护和低碳发展的要求，鼓励新能源汽车替代燃油汽车成为很多国家的选择，这样可以减少能源消耗和温室气体排放，并有效推动经济的可持续发展。相关偏向性政策激励技术创新向新能源汽车技术方向转轨的事实，能够反映本书的研究主题，所以本章主要是以我国汽车行业技术创新为典型案例进行研究。实证分析将新能源汽车技术和燃油汽车技术分别代表清洁技术和肮脏技术，重点分析了偏向新能源汽车的激励政策引致技术创新方向转轨的效应，以及两类技术创新的路径依赖与相互作用效应。

　　我国从 2001 年开始通过政策来鼓励新能源汽车技术创新至今，已有 20 年的时间，通过一系列政策的实施，新能源汽车技术和市场销售等方面均取得了较大进展，但在国际上还缺乏竞争力，技术水平并不占优势，还有较大的提升空间。本章实证分析使用数据范围是 2007~2018 年，选择了 25 个省份作为研究主体，主要使用面板数据的泊松模型估计方法，并通过改变数据指标和估计方法的方式进行了稳健性分析。根据数据的可得性和指标的合理性，技术创新指标分别用新能源汽车和燃油汽车的主要技术专利申请量代表，偏向性激励政策指标主要是各省对新能源汽车市场培育的政策强度、环境规制强度、研发投入资金、国际贸易指标等，技术创新存量采用永续盘存法来计算，分别为新能源汽车和燃油汽车的省内累计量和省外累计量。

　　通过分析得到以下结论：一是新能源汽车市场培育政策、研发投入以及环境规制等偏向性政策显示出具有技术创新向清洁技术方向的转轨效应，但国际贸易因素尚未显示出具有显著性影响特征。二是环境规制对燃油汽车技术创新具有显著的抑制效应，而研发投入具有显著性的促进作用，新能源汽车市场培育政策并没有显著地抑制燃油汽车技术创新，说明新能源汽车对燃油汽车的替代效应还不明显。三是两类汽车技术创新均具有显著的路径依赖特征，即技术创新存量对同类技术创新具有正向作用；省内和省外燃油汽车技术存量对新能源汽车技术创新具有显著的负向作用，但省外新能源汽车技术存量对省内技术创新的溢出效应并不显著；省外的两类技术存量及省内的新能源技术对燃油技术创新的影响均不显著。

根据分析结论可以得到一些政策启示，要促进我国新能源汽车技术创新，重点是继续加强偏向性政策激励的力度。

一是在培育新能源汽车市场方面，主要政策是加强新能源汽车所需的基础设施建设，如充电桩和充电场地的建设；继续推进新能源汽车的购买补贴，可以对买卖双方同时给予补贴；增加对新能源汽车的公共部门用车采购，包括政府公务、公交和出租、公安警务等所需的车辆；在牌照、限行、税收等方面实施特殊的优惠政策；加强节能环保等方面的舆论宣传，鼓励消费者自愿购买。

二是在环境规制方面，可以通过加强环境治理力度，提高限制污染排放标准，倒逼企业转向清洁技术创新，提高燃油汽车的排放限制标准，对于高污染排放的老旧车辆采取强制性报废措施，增加高排放汽车的购置税。

三是在研发投入方面，要加大对新能源汽车技术研发的投入比重。

四是在国际贸易方面，要鼓励新能源汽车及其零部件的出口。

第五章　偏向性政策激励清洁技术创新的政策分析

第一节　引言

虽然我国经济规模已经仅次于美国，但仍然是发展中国家，经济快速的发展离不开资源消耗和污染排放，通过清洁技术创新正是平衡环境与经济的重要途径。从前述研究可知，政府可以通过偏向性政策促进清洁技术创新来实现可持续发展目标，具体政策既可以是直接给予清洁技术研发创新资助，也可以是间接激励的各项环境保护政策。当前，生态环境保护受到了世界众多国家的重视和支持，特别是应对全球气候问题使得世界各国联合起来，也分别制定了适合本国国情的各类相关政策。我国各届政府均高度重视环境保护，先后制定并执行了相当多的政策，特别是党的十八大以来，更是提升至生态文明建设的战略高度，随之将环境保护的理念贯穿到我国经济社会发展的各项政策中，显示出本届政府对环境治理和保护的坚定态度。例如，《国民经济和社会发展第十四个五年规划和2035年远景目标纲要》提出的2035年远景目标为：广泛形成绿色生产生活方式，碳排放达峰后稳中有降，生态环境根本好转，美丽中国建设目标基本实现。因此，为了更好地制定促进我国清洁技术创新的具体政策，需要吸收或借鉴国内外典型性、先进性的政策经验。

国内外相关政策的甄选主要以相关性、代表性、资料可得性为原则。国内没有激励清洁技术创新的专项政策，但与之相关的环境政策较多，因地方政府政策存在较大的差异，本章仅对国家层面统筹的相关政策进行了整理。从间接激励的角度甄选了三类与环境相关的代表性政策，即产业政策的代表《战略性新兴产业规划》，正式法律的代表《中华人民共和国环境税法》和应对环境问题的系列政策。从直接激励的角度甄选了四项相关政策，即激励清洁生产技术创新的《中华人民共和国清洁生产促进法》（2012 年修订），激励节能低碳技术创新的《节能低碳技术推广暂行办法》（2014 年），激励新能源技术创新的《能源技术革命创新行动计划（2016-2030）》和激励绿色技术创新的《关于构建市场导向的绿色技术创新体系的指导意见》（2019 年）。在国外，同样没有直接关于激励清洁技术创新的政策方案，但与之相关的政策案例非常多，主要是促进绿色发展、环境治理、技术创新等方面的战略。为了借鉴国外经验专门挑选了与之紧密相关的三个典型案例：欧洲的《欧盟绿色新政》、德国的《国家氢能战略》、日本的《革新环境技术创新战略》，分别为应对气候和环境问题的总体战略、产业规划和技术创新的战略方案，并且都处于实施过程中，这些政策措施会以间接或者直接的方式有效激励清洁技术的创新，具有较好的政策借鉴价值。

本章通过深度剖析所选政策的主要内容及激励相关技术创新的政策措施，针对我国清洁技术创新的发展态势和相关政策情况，吸收国内外经验，结合理论分析的结论，分别从管理体制机制、环境治理、科研专项资助和清洁技术产品市场培育四个方面，提出了促进我国清洁技术创新的政策建议。

第二节　国内典型政策与评价

一、间接政策激励与清洁技术创新

（一）战略性新兴产业规划

战略性新兴产业是以重大技术突破和重大发展需求为基础的，对经济社会全局和长远发展具有重大引领带动作用，具有知识技术密集、物质资源消耗少、成长潜力大、综合效益好的产业。国务院先后于 2010 年发布了《国务院关于加快培育和发展战略性新兴产业的决定》，2012 年和 2016 年分别发布了《"十二五"国家战略性新兴产业发展规划》和《"十三五"国家战略性新兴产业发展规划》；2012 年国家统计局发布了《战略性新兴产业目录》，2018 年进行了修订并发布了新版本。在这些规划和目录中可以清楚地发现，国家将新能源汽车、新能源和节能环保产业一直纳入战略性新兴产业，并给予了 10 多年的政策支持，极大地促进了相关产业技术创新的发展。因为不同时期的情况不同，上述三个文件虽然在具体条款上有所区别，但在总体上是一致的，这里根据《"十三五"国家战略性新兴产业发展规划》的内容，对促进相关技术创新和产业发展的激励政策进行了梳理。

1. 明确了"十三五"期间推动清洁技术相关产业发展的政策导向

一是在新能源汽车方面。加快电动汽车安全标准制定和应用，提升关键零部件技术水平，推进电动汽车系统继承技术创新与应用，提升电动汽车整车品质和性能。推进动力电池研发，提升动力电池工程化和产业化能力，建设具有全球竞争力的动力电池产业链。加强燃料电池基础材料和关键部件研发，推动车载储氢系统以及氢制备、储运和加注技术发展，推进加氢站建设，系统推进燃料电池汽车研发和产业化。按照"因地制宜、适度超前"的原则，加快构建规范便捷的基础设施体系。

二是在新能源产业方面。采用国际最高安全标准，坚持合作创新，推动核电安全高效发展。发展智能电网技术，实现风电装备技术创新能力达到国际先进水平，促进风电优质高效开发利用。突破先进晶硅电池及关键设备技术瓶颈，提升太阳能电池技术研发，推动多种形式的太阳能综合开发利用，推动太阳能多元化规模化发展。建立健全新能源综合开发利用的技术创新、基础设施、运营模式及政策支撑体系，积极推动多种形式的新能源综合利用。加快研发分布式能源、储能、智能微网等关键技术，构建智能化电力运行监测管理技术平台，发展"互联网+"智慧能源。完善新能源国家标准和清洁能源定价机制，建立可再生能源发电补贴政策动态调整机制和配套管理体系，加快形成适应新能源高比例发展的制度环境。

三是在节能环保产业方面。发展高效节能产业，提升高效节能装备技术及应用水平，推进节能技术系统集成及示范应用，做大做强节能服务产业。加快发展先进环保产业，提升污染防治技术装备能力，加强先进适用环保技术装备推广应用和集成创新，积极推广应用先进环保产品，提升环境综合服务能力。深入推进资源循环利用，推动大宗固体废弃物和尾矿综合利用，促进"城市矿产"开发和低值废弃物利用，加强农林废弃物回收利用，积极开展新品种废弃物循环利用，推动海水资源综合利用，发展再制造产业，健全资源循环利用产业体系。

2. 从完善体制机制和政策体系的角度提出了一系列的激励措施

一是完善管理方式方面。推进简政放权、放管结合、优化服务改革，如减少审批程序、探索新的监管方式、科技产权制度改革等。营造公平竞争环境，如加大反垄断和反不正当竞争执法力度、打破可再生能源发电等领域的行业壁垒、完善信用体系等。加强政策协调，如主管部门之间、政府企业之间建立对话咨询和协商机制。

二是构建产业创新体系方面。开展"大众创业 万众创新"，如打造双众平台、建设双创基地、做好双创宣传等。强化公共创新体系建设，如组织并实施重大科技项目和重大工程、建立产业创新联盟和关键技术研发平台、建立标准体系和提供公共服务平台等。支持企业创新能力建设。如实施国家技术创新工程、培育创新型领导企业、加大对科技型中小企业创新支持力度等。完善科技成果转移转化制度，如落实相关法律法规政策和科技成果转化改革措施、建立专业化和市场化的技术转移机构等。

三是强化知识产权保护和运用方面。强化知识产权保护维权，如修订知识产权保护的法律规则、完善知识产权快速维权机制、严厉打击侵权犯罪行为等。加强知识产权布局运用，如推行知识产权标准化管理、实施知识产权行业布局和区域布局工程、建设知识产权运营服务平台、鼓励创新知识产权金融产品等。完善知识产权发展机制，如实施战略性新兴产业知识产权战略推进计划、加强专利分析及动态监测、完善海外知识产权服务体系、支持企业开展知识产权海外并购和维权行动等。

四是深入推进军民融合方面。构建军民融合的战略性新兴产业体系，如建立国家军民融合化创新示范区和创新平台、推进军民技术双向转移和转化应用、构建各类企业公平竞争的政策环境等。加强军民融合重大项目建设，如统筹军民卫星研发和使用、实施信息网络产品和服务相关应用示范工程、发展海洋开发所需且军民两用的高性能装备和材料技术等。

五是加大金融财税支持方面。提高企业直接融资比重，如通过挂牌上市、股权转让、风险投资、并购融资、债券融资等方式降低企业资金成本。加强金融产品和服务创新，如引导金融机构完善信贷管理和贷款评审制度、建立投融资信息服务平台、推行融资租赁和融资担保工作等。创新财税政策支持方式，如设立产业发展基金、运用政府和社会资本合作模式、完善政府采购政策和补贴政策等。

（二）环境保护税

环境保护税是根据污染者付费原则纠正市场失灵和调节经济人行为，通过增加排放成本的方式倒逼相关企业增加环保投入加强对排放物进行净化处理，或者通过技术创新促进生产过程中的节能减排，所以环境税是间接促进清洁技术创新的重要路径。环境税以不同的形式在很多发达国家实施，如大气污染税、水污染税、噪声税、固体废物税和垃圾税等。2016 年颁布的《中华人民共和国环境保护税法》和 2017 年国务院公布的《中华人民共和国环境保护税法实施条例》，2018 年 1 月 1 日正式生效并实施。这标志着我国环境税成为了环境治理的一项正式制度，替代了以前的排污收费制度。

环保税法的目的是"保护和改善环境，减少污染排放，推进生态文明建设"。法定的应税污染物指"大气污染物、水污染物、固体废物和噪声"四类，其中"大气污染物指向环境排放影响大气环境质量的物质；水污染物指向环境排放影响水环境质量的物质；固体废物指在工业生产活动中产生的固体废物和医疗、预防和保健等活动中产生的医疗废物，以及省、自治区、直辖市人民政府确定的其他固体废物；噪声指在工业生产活动中产生的干扰周围生活环境的声音"。在计税依据和应纳税额条款中详细地规定了应税污染物的税目和税额，大气污染物和水污染物根据《应税污染物和当量值表》折算确定污染物当量数；固体废物根据吨计算，包括煤矸石、尾矿、危险废物和冶炼渣、粉煤灰、炉渣等其他固体废物四类；工业噪声根据超分贝计算。环境保护税的税目和税额按照法律规定执行，应税大气污染物和水污染物具体适用税额的确定和调整，由省级政府统筹考虑本地区环境承载能力、污染物排放现状和挤公交社会生态发展目标要求，可以在规定的税额幅度内提出。不属于直接向环境排放污染物两种情况可以不缴纳污染物的环保税：一是向依法设立的污水集中处理、生活垃圾集中处理场所的排放应税污染物，如果处理场所超出国家和地方排放标准的应税污染物则应缴税。二是在符合国家和地方环境保护标准的设施、场所贮存或处理固体废弃物，如果固体废弃物不符合国家和地方环境保护标准的则应缴税。另外，环保税法还对税收减免和征收管理等具体细节做了规定，确保在实践中具有可操作性。

（三）应对全球气候问题的政策

全球气候变暖会涉及人类生存问题，需要世界各国协作共同应对，1992 年，联合国专门制定了《联合国气候变化框架公约》，1997 年，全球 100 多个国家签订了《京都议定书》，该条约规定了发达国家的减排义务。2005 年，伴随着《京都议定书》的正式生效，建立了旨在减排的三个灵活合作机制——国际排放贸易机制（简称 ET）、联合履行机制（简称 JI）和清洁发展机制（简称 CDM），要求发达国家从 2005 年开始承担减少碳排放量的义务，发展中国家则从 2012 年开始承担减排义务。2016 年，签订了《巴黎协定》，要求欧美等发达国家继续率先减排并开展绝对量化减排，为发展中国家提供资金支持；中印等发展中国家应该根据自身情况提高减排目标，逐步实现绝对减排或者限排目标；最不发达国家和小岛屿发展中国家可编制和通报反映它们特殊情况的关于温室气体排放发展的战略、计划和行动。

我国遵守各项国际协议的条款和要求，积极制定和推行控制温室气体排放的各种政策。2007 年，《中国应对气候变化国家方案》明确提出要依靠科技进步和创新应对气候变化；2011 年和 2016 年，国务院分别印发了《"十二五"控制温室气体排放工作方案》和《"十三五"控制温室气体排放工作方案》，系统地制定了控制温室气体排放的要求、思路、路径及保障措施等。在低碳技术创新方面，"十二五"方案明确提出"统筹技术研发和项目建设，在重点行业和重点领域实施低碳技术创新及产业化示范工程，重点发展经济适用的低碳建材、低碳交通、绿色照明、煤炭清洁高效利用等低碳技术；开发高性价比太阳能光伏电池技术、太阳能建筑一体化技术、大功率风能发电、天然气分布式能源、地热发电、海洋能发电、智能及绿色电网、新能源汽车和储电技术等关键低碳技术；研究具有自主知识产权的碳捕集、利用和封存等新技术"。"十三五"方案中提出"研发能源、工业、建筑、交通、农业、林业、海洋等重点领域经济适用的低碳技术"。

根据工作方案的要求，我国逐步建立了碳汇交易和碳排放权交易的相关制度并得到了实践。

一方面，经过近 10 年的探索，建立了全国碳排放权交易制度。2011 年，国家发改委发布了《关于开展碳排放权交易试点工作的通知》，批准北京、上海、天津、重庆、湖北、广东和深圳 7 省市开展碳交易试点工作。2013 年 6 月 18 日，深圳碳排放权交易市场在全国七家试点省市中率先启动交易。2017 年，国家发改委发布了《全国碳排放权交易市场建设方案（发电行业）》的通知，规定发电行业年度排放达到 2.6 万吨二氧化碳当量（综合能源消费量约 1 万吨标准煤）及以上的企业或者其他经济组织为重点排放单位；国务院发展改革部门负责制定配额分配标准和办法，各省级及计划单列市应对气候变化主管部门按照标准和办法向辖区内的重点排放单位分配配额。2020 年，生态环境部发布了《碳排放权交易管理办法（试行）》，强调要在应对气候变化和促进绿色低碳发展中充分发挥市场机制作用，推动温室气体减排，规范全国碳排放权交易及相关活动。温室气体重点排放单位包括属于全国碳排放权交易市场覆盖行业，或者年度温室气体排放量达到 2.6 万吨二氧化碳当量。生态环境部确定碳排放总额与分配方案，省级生态环境主管部门对辖区内的重点排放单位分配年度碳排放配额。

另一方面，展开了林业碳汇交易的探索和实践。碳汇交易是清洁发展机制的重要组成部分，2014 年，国家林业局《关于推进林业碳汇交易工作的指导意见》提出，统筹推进林业碳汇项目交易、林业碳汇自愿交易、碳排放权交易下的林业碳汇交易。

总之，碳交易的实施是控制碳排放的重要手段，必然会增加高碳排放企业的经营成本，推进企业对低碳技术创新的研发投入。

二、直接政策激励与清洁技术创新

（一）促进节能低碳技术创新的政策

2014 年，国家发改委印发了《节能低碳技术推广管理暂行办法》（以下简称《办法》），确定了重点推广节能低碳技术的甄选程序和推广方式。目的是"为加快节能低碳技术进步和推广普及，引导用能单位采用先进适用的节能低碳新技术、新装备、新工艺，促进能源资源节约集约利用，缓解资源环境压力，减少二氧化碳等温室气体排放"，区分了"节能技术指促进能源节约集约使用、提高能源资源开发利用效率和效益、减少对环境影响、遏制能源资源浪费的技术。节能技术主要包括能源资源优化开发技术，单项节能改造技术与节能技术的系统集成，节能型的生产工艺、高性能用能设备，可直接或间接减少能源消耗的新材料开发应用技术，以及节约能源、提高用能效率的管理技术等"。低碳技术指以资源的高效利用为基础，以减少或消除二氧化碳排放为基本特征的技术，广义上也包括以减少或消除其他温室气体排放为特征的技术。遴选原则是"实行自愿申报、科学遴选，坚持企业为主、政府引导、社会参与、重点推广和动态更新的原则"。重点节能低碳技术主要评价指标包括：

（1）节能减碳能力：预计能形成的节能量（建筑、交通等行业主要参考节能率指标），预计能形成的二氧化碳减排量（其他温室气体减排量可进行折算）；

（2）经济效益：单位节能量投资额和静态投资回收期，单位二氧化碳减排量投资额和静态投资回收期；

（3）技术先进性；

（4）技术可靠性；

（5）行业特征指标。

重点节能低碳技术推广政策共 7 条。

一是国家发展改革委优先支持技术提供单位新建、参与新建或改扩建重点节能低碳技术装备生产线；优先支持用能单位使用重点节能低碳技术实施改造。

二是鼓励技术提供单位建立重点节能低碳技术示范推广中心，展示宣传重点节能低碳技术；鼓励用能单位分行业集成应用重点节能低碳技术，建立教育示范基地，定期组织行业重点用能单位开展技术交流和培训，推广集成应用典型模式。

三是各级固定资产投资项目节能评估和审查负责部门在开展项目节能评估和审查时，鼓励用能单位采用重点节能低碳技术；鼓励节能服务公司在实施合同能源管理项目过程中采用重点节能低碳技术。

四是鼓励能源审计单位在开展能源审计时，参照重点节能低碳技术能效水平，在审计报告中提出相应改造措施建议；鼓励各级节能监察机构在节能监察中参照重点节能低碳技术能效水平，对高耗能行业企业建议采用重点节能低碳技术进行改造。

五是国家发展改革委委托有关单位编制重点节能技术最佳实践案例，包括重点节能技术基本情况、节能改造前后情况、第三方机构检测报告、用户意见反馈等，对节能效果突出的案例进行重点宣传。

六是国家发展改革委委托有关单位组织召开重点节能低碳技术的现场推广会及技术对接会，开展技术提供单位与用能单位和节能服务公司交流。

七是重点节能低碳技术提供单位要制定推广方案，每年向国家发展改革委提交上年度推广情况，由国家发展改革委委托有关机构进行整理分析，跟踪评估推广效果，适时发布推广报告。

《办法》发布后，以《国家重点节能低碳技术推广目录》的形式，先后以"节能技术部分"和"低碳技术部分"为内容，发布了多个批次的国家重点推广的相关技术。其中，节能技术目录连续发布了 4 批，时间为 2014~2017 年，数量分别为 218 项、266 项、296 项和 260 项，涉及煤炭、电力、钢铁、有色、石油石化、化工、建材等 13 个行业。低碳技术目录共发布了三批，2014 年第一批，共 34 项；2015 年第二批，共 29 项；2017 年第三批，共 27 项。涉及煤炭、电力、建材、有色金属、石油石化、化工、机械、汽车、轻工、纺织、农业、林业 12 个行业，涵盖新能源与可再生能源、燃料及原材料替代、工艺过程等非二氧化碳减排、碳捕集利用与封存、碳汇 5 个领域。

（二）促进绿色技术创新的政策

2019 年，国家发展改革委和科技部印发了《关于构建市场导向的绿色技术创新体系的指导意见》（发改环资〔2019〕689 号）。明确规定绿色技术指降低消耗、减少污染、改善生态，促进生态文明建设、实现人与自然和谐共生的新兴技术，包括节能环保、清洁生产、清洁能源、生态保护与修复、城乡绿色基础设施、生态农业等领域，涵盖产品设计、生产、消费、回收利用等环节的技术。确定的具体目标是"到 2022 年，基本建成市场导向的绿色技术创新体系。企业绿色技术创新主体地位得到强化，出现一批龙头骨干企业，'产学研金介'深度融合、协同高效；绿色技术创新引导机制更加完善，绿色技术市场繁荣，人才、资金、知识等各类要素资源向绿色技术创新领域有效集聚，高效利用，要素价值得到充分体现；绿色技术创新综合示范区、绿色技术工程研究中心、创新中心等形成系统布局，高效运行，创新成果不断涌现并充分转化应用；绿色技术创新的法治、政策、融资环境充分优化，国际合作务实深入，创新基础能力显著增强"。同时，制定了推进绿色技术创新体系的路线图和进度表。

具体政策分为六个大类。

1. 培育壮大绿色技术创新主体

（1）研究制定绿色技术创新企业认定标准规范，加大对企业绿色技术创新的支持力度，强化企业的绿色技术创新主体地位。

（2）健全科研人员评价激励机制，加强绿色技术创新人才培养，激发高校、科研院所绿色技术创新活力。

（3）支持龙头企业整合力量建立市场化运行的绿色技术创新联合体，鼓励和规范绿色技术创新人才流动，建立一批分领域、分类别的专业绿色技术创新联盟。推进"产学研金介"深度融合。

（4）加强绿色技术创新基地平台建设，培育建设一批国家工程研究中心、国家技术创新中心、国家科技资源共享服务平台等创新基地平台。

2. 强化绿色技术创新的导向机制

（1）加强绿色技术创新方向引导。制定发布绿色产业指导目录、绿色技术推广目录、绿色技术与装备淘汰目录，引导绿色技术创新方向，强化对重点领域绿色技术创新的支持。

（2）实施绿色技术标准制修订专项计划，明确重点领域标准制修订任务，完善产品能效、水效、能耗限额、碳排放、污染物排放等强制性标准，强化绿色技术标准引领。

（3）遴选市场急需、具有实用价值、开发基础较好的共性关键绿色技术，增加循环、低碳、再生、有机等产品政府采购，建立健全政府绿色采购制度。

（4）建立统一的绿色产品认证制度，推行产品绿色（生态）设计，发布绿色（生态）设计产品名单，推进绿色技术创新评价和认证。

3. 推进绿色技术创新成果转化示范应用

（1）建立综合性国家级绿色技术交易市场，加强绿色技术交易中介机构能力建设，建立健全绿色技术转移转化市场交易体系。

（2）支持首台（套）绿色技术创新装备示范应用，支持企业、高校、科研机构等建立绿色技术创新项目孵化器、创新创业基地，积极发挥国家科技成果转化引导基金的作用，完善绿色技术创新成果转化机制。

（3）选择绿色技术创新基础较好的城市，推动有条件的产业集聚区向绿色技术创新集聚区转变，强化绿色技术创新转移转化综合示范。

4. 优化绿色技术创新环境

（1）健全绿色技术知识产权保护制度，强化绿色技术知识产权保护与服务。

（2）引导银行业金融机构合理确定绿色技术贷款的融资门槛，积极开展金融创新，支持绿色技术创新企业和项目融资，加强绿色技术创新金融支持。

（3）推进绿色技术众创，组织开展绿色技术创新创业大赛，对大赛获奖企业、机构和个人予以奖励，通过全国"双创"周、全国节能宣传周、六五环境日、全国低碳日等平台加强绿色技术创新宣传，推进全社会绿色技术创新。

5. 加强绿色技术创新对外开放与国际合作

（1）深度参与全球环境治理，促进绿色技术创新领域的国际交流合作。以二十国集团（G20）、一带一路、金砖国家等合作机制为依托，推进建立"一带一路"绿色技术创新联盟等合作机构，强化绿色技术创新国际交流。深化绿色技术创新国际合作。

（2）积极引进国际先进绿色技术，强化对国际绿色技术的产权保护，加大绿色技术创新对外开放。按照国际规则开展互利合作，促进成熟绿色技术在其他国家转化和应用。

6. 组织实施

（1）加强统筹协调。国家发展改革委、科技部牵头建立绿色技术创新部际协调机制。各地区、各部门要结合各自实际，加强政策衔接，制定落实方案或强化对相关领域的创新支持。

（2）加强绿色技术创新政策评估与绩效评价，建立绿色技术创新评价体系，强化评价考核。

（3）发挥绿色技术创新综合示范区、绿色技术工程研究中心、绿色技术创新中心、绿色企业技术中心等作用，探索绿色技术创新与绿色管理制度协同发力的有效模式，加强示范引领。

为落实《指导意见》有关要求，推动社会经济发展全面绿色转型，打赢污染防治攻坚战，实现碳达峰碳中和目标提供技术支撑，加快先进绿色技术推广应用，国家发展改革委、科技部、工业和信息化部、自然资源部组织编制了《绿色技术推广目录（2020年）》，将绿色技术分为五个大类。

一是节能环保产业，共63项小类。涉及高效节能装备、大气污染防治装备等装备制造技术；工业污水和烟尾气、城镇污水、固体废弃物等处理技术；绿色建筑材料、绿色农业、新能源汽车、资源循环利用、土壤修复、温室气体减排等领域技术。

二是清洁生产产业，共26项小类。涉及新能源装备制造、储能装备、油气资源开采、煤炭清洁生产、电力设备、清洁燃油生产、清洁能源设施建设和运营等领域。

三是清洁能源产业，共15项小类。

四是生态环境产业4项，涉及生态农业、绿色畜牧业、生态修复等领域。

五是基础设施绿色升级8项，涉及绿色交通、绿色建筑、生态修复、城镇污水处理等领域。

（三）促进清洁生产技术创新的政策

国家对清洁生产进行立法，使得对清洁技术创新有了法律要求和依据。

2002 年通过了《中华人民共和国清洁生产促进法》，2012 年进行了修订，从法律上对清洁生产的推行、实施及其奖惩等方面进行了明确的规定。明文规定"清洁生产是指不断采取改进设计、使用清洁的能源和原料、采用先进的工艺技术与设备、改善管理、综合利用等措施，从源头削减污染，提高资源利用效率，减少或者避免生产、服务和产品使用过程中污染物的产生和排放，以减轻或者消除对人类健康和环境的危害"。第六条规定"国家鼓励开展有关清洁生产的科学研究、技术开发和国际合作，组织宣传、普及清洁生产知识，推广清洁生产技术"。

国家层面对清洁生产技术标准及其技术的确认，并给予资金投入等政策支持，极大地推进了清洁生产技术的迭代和创新。为全面推进清洁生产，引导企业采用先进的清洁生产工艺和技术，国家主管部门先后编制了三批《国家重点行业清洁生产技术导向目录》，2000 年公布了第一批，涉及冶金、石化、化工、轻工和纺织 5 个重点行业，共 57 项清洁生产技术。2003 年公布了第二批，涉及冶金、机械、有色金属、石油和建材 5 个重点行业，共 56 项清洁生产技术。2006 年公布了第三批，涉及钢铁、有色金属、电力、煤炭、化工、建材、纺织等行业，共 28 项清洁生产技术。另外，2014 年和 2016 年先后公布了两批清洁生产评价指标体系，2016 年公布了《清洁生产审核办法》。

为了落实《清洁生产促进法》的各项要求，结合《大气污染防治行动计划》，2014 年，工信部制定了《大气污染防治重点工业行业清洁生产技术推行方案》，总体目标是通过在钢铁、建材、石化、化工、有色金属等重点行业企业推广采用先进适用清洁生产技术，推行的具体技术共 36 项，要求实施清洁生产技术改造，大幅度削减工业烟（粉）尘、二氧化硫、氮氧化物、挥发性有机物等大气污染物产生和排放，确保到 2017 年底上述行业主要污染物排污强度比 2012 年下降 30% 以上。结合《水污染防治行动计划》，2016 年，工信部制定了《水污染防治重点行业清洁生产技术推行方案》，推行技术涉及造纸、食品加工、制革、纺织、有色金属、氮肥、农药、焦化、电镀、化学原料药和染料颜料制造等行业，要求通过在水污染防治重点行业推广采用先进适用清洁生产技术，实施清洁生产技术改造，从源头减少废水、化学需氧量（COD）、氨氮、含铬污泥（含水量 80%~90%）等污染物的产生和排放。

（四）促进能源技术创新的政策

新一轮能源技术革命正在兴起，能源科技成果将持续改变世界能源格局，国家间技术竞争日益激烈，主要能源大国均制定了加快能源科技创新的相关政策，如美国的《全面能源战略》、日本的《面向2030年能源环境创新战略》和欧盟的《2050能源技术线路图》。2016年，国家发改委和国家能源局联合发布了《能源技术革命创新行动计划（2016–2030）》，提出"绿色低碳是能源技术创新的主要方向，集中在传统化石能源清洁高效利用、新能源大规模开发利用、核能安全利用、能源互联网和大规模储能以及先进能源装备及关键材料等重点领域"。以国家战略需求为导向，需要重点推进能源安全、清洁能源、低碳能源，智慧能源、关键材料装备等方面的技术创新。争取到2030年，建成与国情相适应的完善的能源技术创新体系，能源自主创新能力全面提升，能源技术水平整体达到国际先进水平，支撑我国能源产业与生态环境协调可持续发展，进入世界能源技术强国行列。

行动计划的重点任务是促进十五个大类的技术创新，分别为：煤炭无害化开采技术创新；非常规油气和深层、深海油气开发技术创新；煤炭清洁高效利用技术创新；二氧化碳捕集、利用与封存技术创新；先进核能技术创新；乏燃料后处理与高放废物安全处理处置技术创新；高效太阳能利用技术创新；大型风电技术创新；氢能与燃料电池技术创新；生物质、海洋、地热能利用技术创新；高效燃气轮机技术创新；先进储能技术创新；现代电网关键技术创新；能源互联网技术创新；节能与能效提升技术创新。同时，从完善能源技术创新环境、激发企业技术创新活力、夯实能源技术创新基础、完善技术创新投融资机制、创新税收价格保险支持机制、深化能源科技国际合作交流等方面制定了政策保障的措施；从加强组织领导、组织开展工程实验示范、完善评价机制和做好配套衔接工作等方面制定了加强组织实施的措施。另外，配套制定了《能源技术革命重点创新行动路线图》，分别对十五个类别的技术创新从战略方向、创新目标、创新行动三个方面进行了具体的部署。

三、政策评价

从相关政策内容可以发现，都有促进清洁技术创新的作用，归纳起来具有以下几方面的特点：

一是从中央到地方，政府高度重视。国内生态文明建设为国内重要的建设方向，以绿色发展、创新发展的理念全面指导政策的制定，积极应对国际上全球气候问题战略，"碳中和"已经成为国家发展战略目标。

二是国家积极参与并展开行动，环境保护及相关技术创新的思路全面贯彻到国家各项政策、规划、法规之中，涉及发改委、生态环境部、自然资源部、科技部等多个部委的管辖领域，因此形成的政策合力，使大量的资金投入和政策支持极大地推动了清洁技术的创新。

三是关于环境保护相关的技术创新有较多的激励政策，对清洁生产技术、节能低碳技术、能源技术和绿色技术等领域的直接支持政策，极大地降低了相关技术创新投入的成本和风险，清洁技术创新随之呈快速增长的趋势，为产业转型和绿色发展提供了有力的支撑。

从清洁技术创新的角度，国内这些相关政策存在一定的问题。

一是政策激励的技术种类多，清洁技术的针对性不强。各类技术范围的侧重点差异较大，概念重叠混乱，导致企业会有动力偷换概念，骗取国家过多的支持，影响政策实施效果。

二是涉及主管政府部门多。各部门政策目标显然不同，但是又有交叉重叠部分，可能会形成对不同类别技术的重复激励和激励不足同时存在，造成财政资金浪费。

三是政策多样但不成体系。政策的零碎化不利于对企业形成长期的正向引导，企业会根据政策形成战略短视，不利于清洁技术创新的基础性研发和持续性投入。

四是法律规范覆盖面不够，战略规划约束比较柔性，难以度量和评估政策效应，政策缺乏连续性。

五是涉及的新技术新知识较多，需要进行科学普及和科学探讨。在基本概念、新技术等不成熟的情况下，制定政策缺乏针对性和科学性，难以得到大众认可，增加了政策的实施难度。

为了有效促进清洁技术创新，政策的改进方向有以下几方面：

一是建立健全职能管理机构和管理体系。成立政策制定和协调管理、专业技术指导、具体政策执行和监督等管理机构，规范制定职能划分、工作流程、协调配合等运作机制，在体制机制方面统筹规划政策方案及其实施管理。

二是整合相关政策，使之多规合一。全面梳理各国家、部委、省市各层面的相关政策措施，修订规范后形成一个自上而下都能使用的总体规划，成为各级政府管理部门执行的依据。政策方案要明确清洁技术与其他相关技术的概念和边界，可以重点考虑在绿色技术创新方案的基础上形成一个清洁技术的专项规划。

三是专业技术与政策管理全面结合。政策执行过程中执行、监督和效应评估，涉及较多的专业技术知识，有效管理要运用科学合理的技术手段和科学方法，特别是在涉及政策介入、退出、修订的掌控，需要建立一套政策模拟、数据监控、标准制定等手段来支撑。

四是进行科学知识普及，减少政策实施障碍。涉及官员培训、专门技术人才培训以及科研人员的培养等，特别是对在转轨过程中失业人员的培训，帮助他们在新的环保行业中再就业，维护经济转型中的社会稳定性；加大专业知识的普及宣传，采用标识制度宣传，推广清洁技术产品，促使公众全面参与。

第三节　国外典型政策与启示

一、欧盟的《欧洲绿色新政》

2019年12月，欧洲委员会决议通过了《欧洲绿色新政》，提出了"2050年欧盟温室气体达到净零排放并且实现经济增长与资源消耗脱钩"的政策目标。

（一）新政明确了转型发展的重点任务及具体政策措施，这些政策能够间接地激励技术创新转向清洁技术方向

一是坚定提出了政策目标。提出制定《气候法》，将2050年实现碳中和的目标载入法律，确保欧盟的所有政策及部门都发挥应有的作用；欧委会将于2021年6月之前审查所有现有相关的政策工具，必要时提出修订建议；修订《能源税指令》确保碳定价得到有效实施，不同的定价工具必须相互补充形成连贯一致的政策框架；针对选定的行业提出碳边境调节机制，使进出口价格准确地反映其碳强度，以降低碳泄漏风险；开发相关工具披露数据信息，引导社会资源适应气候变化新战略。

二是提供清洁、可负担、安全能源。欧委会将评估各国相关规划，修订《能源联盟与气候行动治理条例》；在可再生能源方面展开区域合作，增加海上风电、

脱碳天然气的开发和应用支持；提供资金解决成员国能源贫困问题；促进科技创新和智能基础设施建设，如智能电网、氢能网络或碳捕集封存和利用、储能等，满足实际需求并适应气候变化。

三是推动工业向清洁循环经济转型。制定《欧洲工业战略》，在钢铁、化工和水泥等能源密集型产业脱碳化处理，循环经济行动计划主要侧重于资源密集型产业，鼓励消费者选择可重复使用、耐用和可维修的产品；坚持绿色公共采购，运用数字化技术披露商品信息，降低"漂绿"风险；创新垃圾分类回收模式，使用清洁二次能源，减少废弃物产生；培育一批"气候和资源先行者"，在关键工业领域率先实现突破性技术的商用；重点领域包括清洁氢能、燃料电池和其他替代燃料、储能以及碳捕集、封存和利用，欧盟碳排放交易体系创新基金帮助大规模创新项目落地；实施《电池战略行动计划》，建立欧洲电池联盟，建立安全、可循环和可持续的电池价值链；数字技术在监测、绩效、服务等方面推动各行业实现绿色新政目标。

四是高能效建造和翻新建筑。评估各成员国的建筑翻新策略，将建筑物排放纳入欧洲碳排放交易体系，审查《建筑产品法规》，提高存量建筑的数字化与气候防护水平；建立一个开放平台解决障碍，在"投资欧洲"框架下制定创新融资计划，为难以支付能源费用的家庭提供帮助。

五是加快向可持续与智慧出行转变。修订《联合运输指令》，将目前75%的内陆公路货物运输转至铁路和内河运输，航空方面启动"单一欧洲天空"提案；利用"连接欧洲基金"等融资工具，打造数字化智慧交通运输系统；运用欧盟碳排放交易体系配额和税收减免等方式管控交通运输行业；坚持《欧盟针对使用特定设施的重型货车的收费指令》，从政治的角度重新考虑如何实现有效的公路定价；扩大可持续替代燃料的产量，为公共充电站和加油站等基础设施建设提供资金支持，提高燃油机动车大气污染排放标准和二氧化碳排放标准，控制船只和飞机的排放。

六是设计公平、健康、环保的食品体系。制定"从农场到餐桌战略"，至少40%的共同农业总预算和30%的海洋与渔业基金将会用于应对气候变化行动；从合规向绩效转变，提高精准农业、有机农业、农业生态、林业农业等标准，进行评估，对改善环境和促进减排的农业给予奖励；创新方法确保安全性，减少化学农药、化肥和抗生素的使用；在食品流通环节采取节能行动，提供健康的食品，杜绝浪费，提供食品信息，只能进口符合欧盟环境标准的食品。

七是保护与修复生态系统和生物多样性。遵守全球的《生物多样性公约》和欧洲的《2030生物多样性战略》；制定《欧盟新森林战略》；发展可持续的海洋经济。

八是实现无毒环境零污染目标。颁布针对大气、水和土壤的零污染行动计划；修订质量标准，加强监控；审查解决大型工业设施污染的措施，加强工业事故防范；提出可持续化学品战略，鼓励开发安全、可持续的创新替代品，提高透明度和加强监管，防范风险。

（二）为政策的顺利实施，提出了一系列的保障措施

一是发展绿色融资和投资。欧洲委员会估算，实现2030年的气候与能源目标，每年额外需要2600亿欧元的投资。"可持续欧洲投资计划"拓展融资渠道和驱动绿色投资；欧盟所有项目预算的25%用于实现气候目标，税收渠道增加不可回收的塑料包装废弃物和欧盟碳排放交易体系拍卖收入的20%；"投资欧洲"基金会的30%资金用于应对气候变化；欧洲投资银行到2025年使自身的气候融资比重从25%提升至50%，成为欧洲的气候银行；建立"公正转型机制"，重点支持受影响最大的地区和行业；引导私人部门融资和投资，增加气候和环境数据披露，在零售投资产品上标签，开发欧盟绿色债券标准，进行风险评估帮助增强应对气候和环境风险的能力。

二是国家环保预算。精心设计税收改革，有效激励可持续行为；取消化石燃料补贴，税收负担从劳动者转移至污染实体；通过"环境和能源在内的国家援助指引"保障欧盟内部市场的公平竞争，消除清洁产品进入市场的障碍。

三是加强培训和监管。通过气候变化和可持续发展的知识、技能和立场的培训，投入学校基础设施建设，通过"技能议程"和"青年人保障计划"提高绿色经济环境下民众的再就业能力；完善监管指南，支持专注于解决可持续问题和创新问题的工具，坚持"无害"原则，提高新政目标的达成效率。

四是促进国际合作。展开"绿色新政外交"，继续确保《巴黎协定》是应对气候变化不可或缺的多边框架，继续与二十国集团各经济体展开合作，开发全球碳市场，重点支持邻国，加强中国和非洲的合作，利用外交和财政工具，扩大绿色联盟国家；欧洲的《共同安全与防务政策》，气候政策成为欧盟解决外部问题的理念和行动的一部分，防范不稳定因素；制定欧盟可持续发展的标准并入全球

价值链，消除可再生能源中的非关税壁垒，采取贸易政策支持欧盟生态转型，新建全球可持续融资平台，引导公私资金投入可持续发展；推行《欧洲气候公约》，促进公众和所有利益相关者参与气候行动。

（三）新政特别强调了技术创新的重要性，认为新技术、可持续的解决方案和颠覆性创新对实现目标至关重要

一是为了保持在清洁技术方面的竞争优势，欧盟需要在各行业和市场大规模部署推广新技术；"地平线欧洲"项目至少 35% 预算用于研究应对气候变化的新解决方案。

二是促进各行业和各成员国之间的合作，促进交通领域的研究和创新，包括电池、清洁氢能、低碳钢生产、循环生物领域和建筑环境等方面；欧洲创新研究机构在可持续能源、未来食品、智能环境友好城市金额一体化城市交通等方面展开合作；欧洲创新理事会为高潜力公司提供融资、投资和推广服务；欧盟研究和创新议程以系统化的方式强调跨领域跨学科工作。

三是支持数字基础设施建设和人工智能解决方案，结合数字基础设施和人工智能解决方案，促进数据驱动创新，增强欧盟预测和应对环境灾害的能力。

二、德国的《国家氢能战略》

2020 年，德国的《国家氢能战略》是一项致力于清洁技术、清洁能源和清洁产业的发展战略。为了实现 2050 年的碳中和目标，认为德国能源转型要将供应安全性、经济性、环保性与气候目标结合起来，其中氢能可以起到核心作用。氢是"脱碳化"战略的核心组成部分，涉及整个价值链，涵盖技术、制取、储存、基础设施和应用，以及物流和高质量基础设施等各个重要方面。

氢能战略涉及氢能制取、应用领域、交通、工业、供热、基础设施、研究创新、欧洲行动的必要性、国际氢能合作 9 个方面，共制定了 38 条促进氢能发展措施。全部氢能战略措施都能够直接和间接地促进氢能技术的创新，其中促进技术研发创新的专项措施有 7 条。

一是制定氢能技术研究路线图，定位为全球市场上"绿氢"技术的领先者。

二是借助对国际供应链的研究开展"绿氢"示范项目。

三是"氢能技术 2030"中跨职能部门研究氢能关键核心技术，包含能源转型仿真实验室、钢铁和化学工业中的氢能研究计划、交通行业研究计划、国际网

络和研发合作、"氢能技术"研究网络等。

四是为氢能技术创新的实际运用铺平道路。包括加强政策咨询服务，高质量基础设施开发和安全性评估等部门的氢能技术研发。

五是在航空领域和欧洲达成"飞行轨迹2050"，得到航空研究技术支持，从2020年至2024年计划向氢能领域投资2500万欧元。

六是"绿色海运"的海运研究项目，从2020年至2024年，投资约2500万欧元部分用于氢能相关项目。

七是国内外加强教育培训，将教育和研究结合起来，培养高技能专业人才和科研人员。另外，在氢能制取、交通、工业等领域也有涉及促进氢能技术应用的支持措施。

氢能战略的目标非常明确。主要是承担全球降低温室气体排放的责任，增强氢能竞争力，开发氢能技术的国内市场和拓宽进口渠道，将氢能确立为替代能源，使氢能可持续地成为工业原材料，开发氢运输和配送基础设施，促进氢能相关的科学研究和培养专业人员，通过氢能促进能源转型，抓住氢能机遇提高德国经济实力，建立氢能国际市场合作，扩建氢能制取、运输、储存和应用的高质量基础设施，促进后续持续发展。氢能战略在制度和资金方面给予了保障。

一方面，氢能战略建立了完备的监管体系。相关职能部门组建"氢能国务秘书委员会"为最高监管职能部门，负责战略管理，开发氢能战略行动计划。联邦政府任命"国家氢能理事会"，由26名经济界、科学界和社会的高级专家组成，为氢能战略执行和监督提供专业支持。建立"氢能指挥部"，协助职能部门实施氢能战略，并发挥监督作用。各州相应建立氢能工作小组，联邦和各州的协同效应。

另一方面，氢能技术资金投入给予保障。国家创新计划氢能与燃料电池技术框架下，2006~2016年批准约7亿欧元的扶持资金，2016~2026年扶持资金高达14亿欧元。2020~2023年，在能源与气候基金框架下，投资3.1亿欧元来扩大对"绿氢"的应用型基础研究，2亿欧元加强氢能技术的应用型研究；"能源转型仿真实验室"投入6亿欧元加速氢能技术和创新从研究到应用的转化；在国家脱碳化计划的框架下，将氢能用于生产工艺脱碳化的技术设备投资10亿欧元。联合执委会的未来一揽子计划规定，投资70亿欧元用于氢能技术在德国的市场推广，投资20亿欧元用于国际合作。

三、日本的《革新环境技术创新战略》

2016 年，日本政府签订巴黎协定后，明显加快了"脱碳化"技术创新的步伐。先后出台了《能源环境技术创新战略 2050》《氢能基本战略》《综合技术创新战略 2019》《碳循环利用技术路线图》《节能技术战略 2019》等专项技术战略，这一系列应对气候变化的技术战略清晰地勾画出日本"脱碳化"技术创新的核心内容及其发展方向。2020 出台的《革新环境技术创新战略》是一份旨在推动能源转型，实现"脱碳化"目标的技术路线图，这份应对气候变化的技术战略涉及能源、工业、交通、建筑和农林水产业五大领域，共划分为 16 大类，合计 39 项重点技术类别。

（一）战略提出了五大创新技术重点

一是以非化石能源技术创新为核心构建零碳电力供给体系。重点发展光伏发电、地热发电、海上风电和核能等技术的创新。

二是以能源互联网技术创新为基础构建智慧能源体系。以蓄电池技术、数字化控制技术以及高效电力电子技术支撑的数字化智能电网建设，利用大数据、人工智能和分布式能源管理技术创建智慧城市；通过共享经济和跨部门、跨领域、跨地区联动措施广泛普及节能技术。

三是以氢能技术创新为突破构建氢能社会体系。要建立和完善氢能产业的基础设施，重点开发压缩、液化、有机氢化物、氨、储氢合金等储运技术，通过技术创新降低加注站建设成本；开发纯氢燃料发电相关的技术；在交通领域开发动力燃料电池相关技术；开发和利用可再生能源制氢技术。

四是以 CCUS 技术创新为支柱构建碳循环再利用体系。通过技术创新降低 CO_2 分离回收的成本，对于不同排放源将开发不同的捕集技术和方法，从空气中直接回收 CO_2 技术（DAC）将成为未来技术创新的一个重点；开发以碳循环利用技术推动二氧化碳资源化利用；在交通、化工、燃气、建材领域，发展循环利用 CO_2 的相关技术。

五是以农林水产业零碳技术为着力点构建自然生态平衡体系；开发零排放技术减少农林水产业的碳排放，要利用最先进的生物技术扩大耕地、森林与海洋的固碳能力。

（二）战略从五个方面制定了推进政策

一是以全球减排目标倡导国际合作。遴选出具有全球推广意义的开放式创新技术清单，并量化每项技术对全球碳减排的贡献度。

二是突出颠覆性技术创新重点。强调"脱碳化"创新技术，推广氢能、CCUS、可再生能源、储能和核能被列入其技术创新的关键技术，日本具有领先优势的技术。

三是注重创新技术应用的经济性比较。推广利用创新技术成本是关键；设定了创新技术成本控制的各项具体目标；经济性评价除了与当前的能源或电力价格体系进行对比之外，更要着眼于整个能源利用体系的系统比较。

四是立足技术创新和绿色投资双轮驱动。推进绿色金融发展，扩大民间投资，支持 ESG 投资，引导和扶持零碳项目的创业风险投资，鼓励企业加入科学减碳目标行动（SBT）、完全使用可再生能源行动（RE100）、气候相关财务金融披露行动（TCFD）等国际联盟，加快脱碳化经营转型，在未来十年里将投入 30 万亿日元技术创新资金，从而实现环境保护与经济增长的良性循环。

五是强调政策创新的重要性。政府设立"绿色创新战略推进会议"作为指导绿创的总指挥部，建立"零碳国际联合研究中心"研发总部，并下设若干个重点技术研究机构；结集国内外优秀人才和资源，特别是加强对青年研究人员的挖掘和培养；以 G20 框架下的清洁能源技术研发机构 RD20 作为产学研的国际投资合作平台，加强与欧美国家的协同创新，举办能源环境技术创新国际会议，加强技术创新的国际互动与合作。[1]

四、主要经验与启示

通过对国外案例的实施方案的归纳整理，可以发现，很多措施值得我国借鉴和思考，这里需要对相关经验进行总结，以便在我国相关政策的制定以及在促进清洁技术创新等方面提供参考。

欧洲的《欧洲绿色新政》属于未来 50 年整个欧洲地区应对气候问题的专项施政纲领，涉及不同经济水平国家或地区的合作，战略规划时间长，具体政策系统全面，主要经验包括：

---

① 周杰.日本圈定"脱碳化"技术创新战略重点方向［EB/OL］. https：//sohu. com/a/406301647_120157024htm.

一是发挥正式制度的硬约束作用，结合已实施的政策，计划将出台一系列的专项法律法规，针对不同的问题采取不同的应对措施。

二是强化技术创新的核心作用，制定促进清洁技术创新的政策措施，为工业、交通、能源等多个领域的低碳转型发展提供技术保障。

三是肯定循环经济的重要价值，提出在建筑翻新、垃圾回收利用等方面发展循环经济，能够起到资源节约利用，使之成为减少碳排放和污染排放的重要手段。

四是推动数字技术的广泛运用，强化互联网、大数据等数字技术的运用，提高生产、减排和监管过程中的效率。

五是遵循公平转型的基本原则，制定措施为发展水平相对落后地区或困难群体给予经济、技术及技能培训等方面的援助。

六是平台协作的促进作用。

七是生态环境保护仍是政策重点。虽然新政重点目标是碳中和，但仍然对生物多样性保护、环境零污染等制定了具体的保护措施。

八是提供有力的资金保障，采取了较多的渠道来安排各项政策实施所需资金，保障政策执行和落地。

九是强调国际合作的主导作用，推动和加强欧洲内部国家一致性行动，以及与外部其他国家之间合作，以应对全球气候问题。

十是获取公众的支持，制订了相关知识的科普、培训和教育计划，解决经济转型中的再就业问题，鼓励公众参与和行动，减少阻力并促进各项政策顺利实施。

德国的《国家氢能战略》属于德国政府应对气候问题及未来经济发展方向选择的专项产业发展战略，该战略表明德国选择将氢能产业作为实现"碳中和"和"产业转型"双目标的重要路径，可以借鉴的主要经验包括：

一是建立完善的管理制度体系，包括职能管理机构、理事会、指挥部等。

二是提供政策资金来源的渠道，明确安排了一系列的相关基金支持关键技术创新的比例，以及计划投入的专项资金规模。

三是政策目标和计划非常清晰，制定了七条支持氢能技术创新的措施和路线图，各行业的氢能技术类别相对较为准确。

四是积极推进国际合作，强调了在教育和培训专门技术人才、氢能技术的国际推广等方面发挥积极作用。

日本的《革新环境技术创新战略》属于日本政府通过技术创新实现"脱碳

化"目标的实施方案。主要经验包括：

一是促进相关技术创新的政策体系比较全面，通过不同的具体政策分阶段逐步深入推进，政策激励环境技术创新的方式不断创新，重点在于整合资源提高政策作用效率。

二是技术创新的支持重点和方向十分明确，清晰地提出了政策支持的五大重点技术创新，分别详细描述了各行业重点支持的核心和关键技术的类别。

三是通过国际合作推动技术创新，运用国际各类环境保护的合作平台获取国际资金的投入和技术的交流。

四是强调技术创新的经济价值，在国际上推广相关环境技术及其关键支撑设备，将国内低碳发展需要和获取经济收益结合起来。

五是鼓励市场资金投入环境技术创新，通过推动绿色金融、政府政策引导，提高环境技术研发的预期收益，促进企业对环境技术研发的投入。

通过国外政策的经验总结，可以在制定激励清洁技术创新的政策时得到一些启示。

一是加强制度建设。加强规范性的法律法规等正式制度建设，形成对经济行为的硬约束；加强制度创新，探索更高效率的政策措施；加强监督管理体制建设，保障政策的有效执行。

二是确定政策支持研发和创新的重点技术类别，在低碳、节能、环保等大方向的前提下，对不同领域、行业的重点技术支持范围要明确，引导企业的研发投入正确的方向。

三是资金来源和投资策略是政策的重中之重，政策的推动需要大量的资金做保障，只有资金的来源渠道有保证，资金的使用方向有明确的计划，各项政策才能顺利得到实施。

四是数字技术的覆盖运用，加强对数字技术与清洁技术的结合开发和运用。

五是节能循环经济的鼓励，节能循环经济相关的技术是清洁技术的重要组成部分。

六是合作平台建设，通过各类型的平台可以有效促进技术研发合作、信息咨询交流、技术推广和运用、资金融资投资等。

七是加强国际合作，多形式和多渠道的国际合作模式，加强在人才、项目、技术等方面的交流，是促进技术创新的有效途径。

八是加强教育培训，通过学习培训后扩大就业，重点培养科研等专门技术人才，知识普及培育公众节能环保的消费行为和生活方式。

九是技术创新应与经济价值结合起来，高资金投入需求的技术创新才具有可持续性。

十是制定路线图和实施计划，明确目标和计划，做到有的放矢。

第四节　运用偏向性政策激励清洁技术创新的建议

在理论和实证研究部分，重点分析了偏向性政策激励清洁技术创新的作用机制，这些政策主要包括环境税、研发资助、国际贸易、可耗竭性资源价格、排放权交易、市场培育等，基本可以划分为环境治理、研发资助和市场培育三个类别。在国内外经验分析中，除前述三个类别的影响政策外，发现还需要相应的制度安排和资金投入等保障措施才能有效推动政策实施。因此，综合分析结论，这里将政策建议分为保证措施、环境治理、研发资助和市场培育四个部分，并将政策建议总的要求定位为：以市场机制为主导，偏向性政策的激励或约束强度控制在外部性约束范围之内，并推动技术创新不断向清洁技术方向转轨，促使国家经济增长的同时逐步恢复生态环境，最终实现可持续发展目标。

一、创新管理体制机制，保障清洁技术创新

采用政策激励清洁技术创新，必然需要相应的体制机制予以保障。创新管理体制机制不仅要创新政府管理机构、战略规划和监管体系等正式管理制度，还要在清洁技术认证、政策资金保障、知识教育培训、促进国际合作等方面给予服务保障。

（一）优化促进清洁技术创新的管理制度环境

一是设立专属政策管理机构。涉及清洁技术创新的职能管理部门主要有国家发改委、科技部、生态环境部、自然资源部、教育部、财政部等，以及正在推进绿色技术创新的职能部门，可以整合起来设立国家清洁技术创新管理机构。首先是官方职能管理部门，主要负责战略规划制定、部门协调、国际交易等工作；其次是专业技术服务部门，聘请国内相关领域的顶级专家、重点企业技术负责人等成立专家团队，负责技术咨询、服务、评审等支撑性工作；最后是政策执行和监

管部门，由各省市相关部门派出联络员，负责处理政策执行过程中存在的问题，与前两部门的协调沟通、监督和评审政策落实情况等工作。

二是制定总领性的长期战略规划。将现有相关法律、法规、规划等政策进行相应的修订，适应新形势和新战略的需要，并统一到总框架下；明确战略目标为推进国内生态文明建设和国际碳中和战略的技术支撑；规定支持清洁技术涉及不同行业的具体类别及其相应政策措施；制定各行业推进清洁技术创新的发展线路图；规划制定组织、资金、人才等保障措施。

三是科学建立高效的监测管理体系。构建监测和管理的制度体系，制定规范的运作流程和操作细则，设定政策实施的评价指标和标准，运用现代互联网数字技术，布局和建设排放监控设施，加强数据监控与处理，运用科学的方法评估政策效应，防范政策执行过程中的违规行为，为政策修订提供改进建议，建立政策进入或退出的管理机制。

（二）完善促进清洁技术创新的服务保障措施

一是进行清洁技术的甄选及其产品认证。清洁技术是从排放的角度认定，包括减少污染排放和碳排放技术，技术级别可以根据排放程度标准划分。将绿色技术、清洁生产技术、能源技术、节能减排技术归纳整合后纳入指标体系，即制定的碳中和技术将是清洁技术的重要组成部分。甄选清洁技术后制定清单管理制度，根据技术创新的进展再进行相应调整。涉及清洁技术生产的产品进行认证和标识，向公众进行推广。

二是进行政策所需的资金保障渠道准备。激励清洁技术创新的政策需要大量的资金投入，需要政府财政资金和市场资金的共同承担。国家财政支出资金可以是环境税、进口绿色关税、碳排放权拍卖与交易、排污权交易等收入的部分资金，或者加大财政环境治理、科技研发专项等预算中清洁技术研发投入的比重，如市场资金绿色债券、创新基金等绿色金融方式筹措，或者企业增加研发资金投入比重。

三是进行相关知识技能的教育和培训，在技术和产业转轨过程中，应体现公正原则，加强受损地区失业人员再就业的技能培训，增加在清洁技术产业中的就业比重；进行公众对相关政策、清洁技术及产业的知识概念的普及宣传，获得公众的理解和支持，建立良好政策实施环境。

四是形成与国际接轨的政策环境。加强官方和民间的国际合作，举办或参加高层次的学术交流会议，参与国际组织的发展战略计划，搭建国际技术交流平台，发展双边和多边关系促进清洁技术创新合作；支持联合国应对气候问题的协定，获取国际气候和环保组织的相关技术和资金的支援；按国际标准建设国内碳排放和碳汇交易市场，对接国际交易市场；向外推广国内先进的清洁技术，鼓励关键零部件和成套设备的出口。

二、强化环境治理制度，倒逼清洁技术创新

环境治理既是人类可持续发展的需要，又能倒逼清洁技术创新。环境治理制度主要是从成本收益的角度约束企业生产中的污染排放行为，高标准的环境治理要求，能有效迫使企业加大对污染排放处理和清洁技术研发的投入。强化环境治理制度可以从环境治理的体制机制建设和增强环境保护的政策措施两方面展开。

（一）加强环境治理体制机制的约束力度

一是完善环境治理相关的法律法规，根据需要修订现有的环境保护法、环境税法、清洁生产促进法等，完善评价、监督、奖励、惩罚等法律条款，强化环境治理的硬约束，加大违法违规的处罚力度；根据新形势的需要制定新的法律，如应对气候问题的"碳中和法"。

二是综合制定环境治理相关的战略规划。我国生态文明建设的要求下，从国家到地方的各级政府部门制定了种类较多的环境类规划，虽然基本内容和国家战略相差不大，但是仍需要系统性修正，在国家战略规划的框架下构建各省市规划，加强区域合作提高协同作用效应，逐步提高环境治理目标和加大企业排放成本。

三是健全环境治理的体制机制。优化环境保护的日常管理机制，快速处理环境相关的咨询、审批、举报、缴费等工作，简化业务流程提高效率；强化环境政策执行监督机制，掌握环境规划中各项政策任务的实施进展，解决实施过程中存在的问题，提高环境政策的有效性；提高环境质量与污染排放的监测水准，为环境政策制定、实施和管理提供支撑性数据；完善环境水平评价机制和环境破坏预警机制，促进生态环境保护和防范环境质量危机；加强对违反环境法律法规行为的处罚力度，促进自然资源的合理开发和使用。

（二）深化增强环境保护力度的政策措施

一是建设环境治理的基础设施。政府和市场联合投入建设垃圾处理站、污水处理站、垃圾发电站、环境质量检测站等设施，在市场主导的机制下进行公共投

资并合理收费，实现健康有效的运营以及技术设备的更新迭代，有能力持续投入建设相关基础设施。

二是建设自然资源资产产权交易市场。运用自然资源资产产权制度加快推进产权认证，促进土地、林木、矿场、沙滩、海域、碳排放权、碳汇等资源的产权交易，将保护和开发有效统一起来，引导市场资金投入生态环境资源的开发和利用，同时为环境治理投入积累资金。

三是修复生态系统和保护生物多样性。生态修复涉及空气、水、生物、气候等综合性治理，使得适宜人类生存的环境具有可持续性，生物多样性不仅是生态系统的重要组成部分，还可能是人类未知的高级技术领域所需的必要原料，在政策制定和实施过程中要将保护生物多样性与保护生态系统和保护人类生存统一起来。

四是建立公众监督参与环境治理的机制。加大对环境保护的相关政策、知识、技巧等宣传，增强环境保护的道德约束，提高公众环保意识，促进公众参与绿色行动减少污染的产生，如自觉进行垃圾分类、节约用水用电、循环利用废旧物品等；全方位开放群众对环境违法违规行为的投诉渠道，建立快速应急反应机制，尽快完成甄别信息、核实问题、处理处罚、公示反馈、整改验收等流程，给予立功表现的行为表彰和奖励。

三、给予专项研发支持，推进清洁技术创新

专项研发支持是促进清洁技术创新的直接激励手段，是基于污染减排和技术创新的双重外部性的激励政策，既包括对清洁技术研发项目和研究人员的直接资助制度，也包括提供有利于清洁技术研发的政策环境和科技人才的保障服务。

（一）完善促进清洁技术研发的资助制度

一是制定清洁技术创新的战略规划，确定清洁技术创新资助的方向和范围，应对科研单位和企业投入的研究方向具有导向性；对于重大核心关键技术应有长期的研发资助规划，特别是要在资助的力度、资助的节奏和资助的形式等方面明确保障研发资助的连续性，推动突破性成果的获取。

二是确定研发的资助方式。设立清洁技术研究的专项项目和重大攻关项目，重点支持高等院校和科研院所的团队，研发需要长期性投入基础性、关键性的核心技术；给予企业的科研机构清洁技术专项研究资助，重点推动应用性、商业性的清洁技术创新；建设国家创新平台促进产学研联合推动清洁技术创新。

三是创新资助项目的管理模式。在项目立项评审、结项评审、经费使用监管等方面，需要创新管理模式，提高专家评审的权威性，防止腐败或骗取国家经费的行为发生；在管理制度上，一方面要简化流程、提高立项结项评审效率，另一方面要注重研究成果审核，提高研发资助资金的产出效率。

四是健全科研人员的激励评价机制。对于进行清洁技术创新的科研人员，应提高相关科研成果在绩效考核中的权重，加大研究人员和团队的奖励力度；允许技术发明人以股权、分红等形式获得转化收益，现金收入可以享受个人税优惠政策，充分激发科研人员的创新活力。

（二）提供促进清洁技术研发的服务保障

一是鼓励将技术创新和经济效益结合起来，实施清洁技术创新的推广示范工程，促进技术成果的应用转化。综合绿色技术、清洁生产技术、节能减排技术等清单目录，甄选并根据技术的最新发展进行补充后形成清洁技术清单，同时根据排放指标对清洁技术进行定级，然后在全国范围内进行推广普及使用，促使国内同领域的排放减少，这样也为技术创新单位获得了收益，推动进一步深入地研发创新。

二是制定清洁技术科研人才的培养计划。建设一批清洁技术创新的人才培养基地，加强高校清洁技术相关学科专业建设，突出选拔清洁技术创新的领军人才和拔尖人才，加强对青年创新人才的培养；加强对清洁技术相关设备的智能制造所需的专业技术人才培养，为相关产业的发展提供各类人才保障。

三是加强在技术和人才方面的国际合作。采取多种方式和优惠措施，积极引进国外先进技术，推动国外创新成果在国内落地；促进成熟的清洁技术在国外转化和应用，促进清洁技术相关产业的发展；展开国际人才交流和培养，选拔优秀人才出国培养，吸引优秀人才来我国发展；鼓励企业在国外建立研发基地，利用国外优秀人才和技术。

四是加强对清洁技术的专利保护。建立清洁技术知识产权保护联系机制、公益服务机制、工作联动机制，开展打击侵犯清洁技术知识产权行为的专项行动。建立清洁技术侵权行为信息记录，将有关信息纳入全国公共信用共享平台。强化清洁技术创新知识产权服务，建立快速审查、确权、维权一体化的综合服务的"快速通道"，完善清洁技术知识产权统计监测。

四、培育清洁产品市场，诱导清洁技术创新

清洁产品也称为清洁技术产品，是指运用认定的清洁技术生产的产品，或是在使用中极少产生污染排放和温室气体排放的产品。直接干预市场需求会扰乱市场机制的运行，一般情况下要谨慎使用。这是因为清洁产品上市初期可能因为成本高导致产品定价高，或者产品还没有得到消费者的认可，和传统技术产品相比缺乏市场竞争力，为了促使清洁技术产品相关企业形成自生能力，可以采取市场培育的政策，待发展到一定程度后再适时退出。

（一）直接拉动清洁产品市场需求的支持政策

一是实施清洁产品销售的价格补贴制度。补贴制度包括甄选、补贴和退出等环节的制度安排，根据清洁技术类别甄选清洁产品清单，如新能源汽车认定为纯电动汽车、插电式混合动力汽车和燃料电池汽车三类；市场交易后给予购买者现金补贴或厂商税收优惠，扩大市场规模形成规模效应，促进清洁技术创新和产业链的全面发展；定时监测评估市场发展态势，适时退出价格补贴政策。

二是实施清洁产品优先的政府采购制度。甄选更多的清洁产品纳入政府采购目录，鼓励各地政府优先采购清洁技术产品，鼓励采购清洁产品替代原来的传统产品，特别对掌握先进技术的国内民族企业生产的清洁产品，要加大采购的比重；政府采购目录要根据清洁技术的发展及时调整，补充先进技术并淘汰落后的技术，在动态调整中持续推动清洁技术不断创新；加强政府采购监管，对于违规腐败行为要加大执法力度，保障政府采购的政策导向效应。

三是实施清洁产品配套基础设施建设的资助制度。对于清洁产品使用中需要公共基础设施配合的领域，这些设施是清洁产品的组成部分，既能获取收益又有公共服务属性，应属于准公共物品的范畴，如纯电动汽车的充电设施、新能源发电的并网设施等就属于这种性质的配套基础设施。政府可以采取全资或合资等多种方式推动建设，以"谁建设谁受益"的原则给予投资建设的企业适当的资助或政策优惠，尽量调动市场的力量参与基础设施建设。

（二）间接拉动清洁产品市场需求的支持政策

一是加大清洁技术产品的舆论宣传。通过电视、报刊、网络等多媒体，广泛宣传国家环保政策、生态环境保护知识、清洁产品的性能等，通过崇尚绿色环保的社会氛围形成消费者行为的道德约束，倡导绿色低碳的消费意识和行为，培养

消费者清洁产品消费习惯，逐步稳定并扩大清洁产品的市场份额。

二是加强清洁技术应用的示范。通过绿色、清洁、低碳等主题活动创建评选活动，集中展示清洁技术相关产品，重点是推广新技术的清洁产品。可以是应用场景示范项目，如氢能公交线路的运行示范；可以是清洁技术产品的生产过程展示，如太阳能发电、风能发电等代表性项目的开放；可以是清洁技术产品的实际运行示范，如对制氢、加氢站、氢燃料汽车等系统运行管理的展示。

三是管控清洁产品进出口贸易。从保护幼稚产业的角度培育清洁产品的相关产业。一方面，要加强对相关产品的进口审批，甄选进口产品种类和控制进口数量，运用绿色贸易壁垒、进口关税等手段减少进口，防范国际清洁产品对国内市场产生冲击；另一方面，要鼓励清洁产品的贸易出口，促进国内企业与其他国家合作，推广国内生产的清洁产品，培育国际市场竞争力，使得清洁产品服务国内市场的同时能在贸易中获取利润，形成技术创新与经济效益的良性循环。

第五节　本章小结

本章共分析了与清洁技术创新相关的七项国内政策和三项国外政策。国内应对气候问题的政策中包括《中华人民共和国清洁生产促进法》《节能低碳技术推广暂行办法》《能源技术革命创新行动计划（2016–2030）》《关于构建市场导向的绿色技术创新体系的指导意见》和间接激励政策《战略性新兴产业规划》《中华人民共和国环境税法》及《碳排放权交易制度》等。根据这些政策的内容可以发现，国内政策的特点是从中央到地方政府高度重视；国家积极参与并展开行动；关于环境保护相关的技术创新有较多的激励政策。存在的问题是政策激励的环境相关的技术种类多，清洁技术的针对性不强；涉及主管政府部门多；政策多样但不成体系；法律规范覆盖面不够；涉及的新技术新知识较多。为了有效促进清洁技术创新，政策的改进方向是建立健全职能管理机构和管理体系；整合相关政策，使之多规合一；专业技术与政策管理全面结合；进行科学知识普及，减少政策实施障碍。国外政策重点分析了欧洲的《欧盟绿色新政》、德国的《国家氢能战略》、日本的《革新环境技术创新战略》三项，通过总结得到一些经验启示：促进清洁技术创新，需要加强制度建设，确定研发和创新的重点技术类别，强调融资和投资策略，数字技术的覆盖运用，节能循环经济的鼓励，合作平台建设，加强国际合作，加强教育培训，技术创新应与经济价值结合起来，制定路线图和实施计划等。

　　本章综合国内外政策经验及本书的理论分析，提出了促进我国清洁技术创新的政策建议。总的政策定位以市场机制为主导，偏向性政策的激励或约束强度控制在外部性约束范围内，并推动技术创新不断向清洁技术方向转轨，促使国家经济增长的同时逐步恢复生态环境，最终实现可持续发展目标。同时，分别从保障、倒逼、推动和诱导等角度，提出了创新管理体制机制、强化环境治理制度、给予专项研发资助、培育清洁产品市场等具体的政策建议。

参考文献

[1] Acemoglu, D. Why Do New Technologies Complement Skills Directed Technical Change and Wage Inequality [J]. The Quarterly Journal of Economics, 1998(113): 1055–1089.

[2] Acemoglu, D. Directed Technical Change [J]. Review of Economic Studies, 2002, 69 (4): 781–810.

[3] Acemoglu, D. and Linn, J. Market Size in Innovation: Theory and Evidence from the Pharmaceutical Industry [J]. Quarterly Journal of Economics, 2004, 119(3): 1049–1090.

[4] Acemoglu, D., Aghion, P., Bursztyn, L. and Hemous, D. The Environment and Directed Technical Change [J]. American Economic Review, 2012, 102(1): 131–166.

[5] Acemoglu, D., Akcigit, Hanley, D. and Kerr, W. Transition to Clean Technology [J]. Journal of Political Economy, 2016, 124 (1): 52–104.

[6] Aghion, P. and Tirole, J. The Management of Innovation [J]. Quarterly Journal of Economics, 1994, 109 (4): 1185–1209.

[7] Aghion, P., Dewatripont, M. and Stein, J. C. Academic Freedom, Private-Sector Focus, and the Process of Innovation [J]. RAND Journal of Economics, 2008 (39): 617–635.

[8] Aghion, P., Dechezleprêtre, A., Hemous, D., Martin, R. and Van Reenen, J. Carbon Taxes, Path Dependency and Directed Technical Change: Evidence from the Auto Industry [R]. Working Paper, 2012.

[9] Anderson, B. and Maria, C. D. Abatement and Allocation in the Pilot Phase of the EU ETS [J]. Environmental and Resource Economics, 2011, 48 (1): 83–103.

[10] Brewer, T. L. Business Perspectives and the EU Emissions Trading Scheme [J] . Climate Policy, 2005, 5 (1): 137–144.

[11] Bryan, K. A. R&D Policy and the Direction of Innovation [R] . Job Market Paper, 2014.

[12] Budish, E., Roin, B. N. and Williams, H. Do Fixed Patent Terms Distort Innovation? Evidence from Cancer Clinical Trials [R] . NBER Working Paper (19430), 2013.

[13] Calel, R. and Dechezleprêtre, A. Environmental Policy and Directed Technological Change: Evidence from the European Carbon Market [J] . Review of Economics and Statistics, 2016, 98 (1): 173–191.

[14] Crabb, J. M. and Johnson, D. K. N. Fueling Innovation: The Impact of Oil Prices and CAFÉ Standards on Energy-Efficient Automotive Technology [J] . Energy Journal, 2010, 31 (1): 199–216.

[15] Goolsbee, A. Does Government R&D Policy Mainly Benefit Scientists and Engineers [J] . The American Economic Review, 1998, 88 (2): 298–302.

[16] Grimaud, A. and L. Rouge. Environment, Directed Technical Change and Economic Policy [J] . Environmental and Resource Economics, 2008, 41 (4): 439–463.

[17] Grubb, M., Azar C. and M. U. Persson Allowance Allocation in the European Emissions Trading System: A Commentary [J] . Climate Policy, 2005, 5 (1): 127–136.

[18] Hall, B. H. Technology, R&D and the Economy, chapter The Private and Social Returns to Research and Development [C] . Brookings, 1996: 140–183.

[19] Hall, B. H. and Helmers, C. The Role of Patent Protection in (Clean/Green) Technology Transfer [J] . Santa Clara High Technology Law Journal, 2010, 26 (4): 487–532.

[20] Hanlon, W. W. Necessity is the Mother of Invention: Input Supplies and Directed Technical Change [J] . Econometrica, 2015, 83 (1): 67–100.

[21] Hassler, J., Krusell P. and Olovsson C. Energy-Saving Technical Change [R] . NBER Working Paper (18456), 2011.

［22］Hemous，D. Environmental Policy and Directed Technical Change in a Global Economy：The Dynamic Impact of Unilateral Environmental Policies［R］. INSEAD Mimeo，2012.

［23］Hicks，J. R. The Theory of Wage［M］. London：Macmillan，1932.

［24］Irwin，D. A. and Klenow，P. J. High-Tech R&D Subsidies Estimating the Effects of Sematech［J］. Journal of Industrial Economics，1996，40（3-4）：323-344.

［25］Kennedy，C. Induced Bias in Innovation and the Theory of Distribution［J］. The Economic Journal，1964，74（295）：541-547.

［26］Köhler，J.，Grubb，M.，Popp，D. and Edenhofer，O. The Transition to Endogenous Technical Change in Climate-Economy Models：A Technical Overview to the Innovation Modeling Comparison Project［J］. The Energy Journal，Special Issue，2006（1）：17-55.

［27］Li，D. Expertise vs. Bias in Evaluation：Evidence from the NIH［R］. Working Paper，2012.

［28］Martin，R.，Muuls，M. and Wagner，U. Climate Change，Investment and Carbon Markets and Prices：Evidence from Manager Interviews［A］//Climate Strategies，Carbon Pricing for Low-Carbon Investment Project［C］. 2011.

［29］Myers，S.，Marquis，D. G. Successful Industrial Innovations：A Study of Factors Underlying Innovation in Selected Firms［R］. NSF 69-17，Washington，D. C.，1969.

［30］Neuhoff，K.，Martinez，K. K. and Sato，M. Allocation，Incentives and Distortions：The Impact of EU ETS Emissions Allowance Allocations to the Electricity Sector［J］. Climate Policy，2006，6（1）：73-91.

［31］Newell，R. G.，Jaffe，A. and Stavins，R. The Induced Innovation Hypothesis and Energy-Saving Technological Change［J］. Quarterly Journal of Economics，1999，114（3）：941-975.

［32］Pernick，R.，Wilder C. and Winnie T. Cleanenergy Trends［R］. Clean Edge，2011.

［33］Popp，D. Induced Innovation and Energy Prices［J］. American Economic Review，2002，92（1）：160-180.

［34］Ricci，F. Environmental Policy and Growth when Inputs are Differentiated in Pollution Intensity［J］. Environmental and Resource Economics，2007，38（3）：

285–310.

[35] Samuelson, P. A. A Theory of Induced Innovations along Kennedy–Weisäcker Lines [J]. Review of Economics and Statistics, 1965, 47 (4): 343–356.

[36] Schmookler, J. Invention and Economic Growth [M]. Cambridge: Harvard University Press, 1966.

[37] Tomas, R., Ribero, F. R., Santos, V., Gomes, J. and Bordado, J. Assessment of the Impact of the European CO_2 Emissions Trading Scheme on the Portuguese Chemical Industry [J]. Energy Policy, 2010, 38 (1): 626–632.

[38] Wallsten, S. J. The Effects of Government–Industry R&D Programs on Private R&D: The Case of the Small Business Innovation Research Program [J]. RAND Journal of Economics, 2000, 31 (1): 82–100.

[39] 陈健, 安玉明. 国际清洁技术产业集群的发展及我国的应对之策 [J]. 经济纵横, 2014 (6): 83–86.

[40] 陈琼娣. 清洁技术企业专利策略研究 [D]. 华中科技大学博士学位论文, 2012.

[41] 陈宇峰, 贵斌威, 陈启清. 技术偏向与中国劳动收入份额的再考察 [J]. 经济研究, 2013 (6): 113–126.

[42] 黄先海, 徐圣. 中国劳动收入比重下降成因分析——基于劳动节约型技术进步的视角 [J]. 经济研究, 2009 (7): 34–44.

[43] 陆雪琴, 章上峰. 偏向型技术进步、技能结构与溢价逆转——基于中国省级面板数据的经验研究 [J]. 中国工业经济, 2013 (10): 18–30.

[44] 景维民, 张璐. 环境管制、对外开放与中国工业的绿色技术进步 [J]. 经济研究, 2014 (9): 34–47.

[45] 姜江, 韩祺. 新能源汽车产业的技术创新与市场培育 [J]. 改革, 2011 (7): 57–63.

[46] 秦书生. 生态技术的哲学思考 [J]. 科学技术与辩证法, 2006 (8): 84–77.

[47] 宋马林, 王舒鸿. 环境规制、技术进步与经济增长 [J]. 经济研究, 2013 (3): 122–134.

[48] 张成, 陆旸, 郭路, 于同申. 环境规制强度和生产技术进步 [J]. 经济研究, 2011 (2): 113–124.

[49] 王俊. 清洁技术创新的制度激励研究 [D]. 华中科技大学博士学位论文,

2015.

［50］王俊，刘丹．政策激励、知识累积与清洁技术偏向——基于我国汽车行业的省际面板数据分析［J］．当代财经，2015（7）：3–15.

［51］王俊．碳排放权交易制度与清洁技术偏向效应［J］．经济评论，2016（2）：29–47.

［52］王俊，李佐军．中国清洁技术创新的激励制度体系构建［J］．改革与战略，2016（5）：116–121.

［53］王俊，王俊杰，刘丹．清洁技术创新及其政策激励机制研究评述［J］．中国科技论坛，2017（2）：32–37.

［54］杨飞．南北贸易与技能偏向性技术进步——兼论中国进出口对前沿技术的影响［J］．国际经贸探索，2014（1）：4–16.

［55］张莉，李捷瑜，徐现祥．国际贸易、偏向型技术进步与要素收入分配［J］．经济学（季刊），2012（2）：309–428.

［56］钟世川，刘岳平．中国工业技术进步偏向研究［J］．云南财经大学学报，2014（2）：64–73.

［57］周杰．日本圈定"脱碳化"技术创新战略重点方向［J］．电力决策与舆情参考，2020（23）：24–28.

［58］清洁技术集团，世界自然基金会．2014年全球清洁技术创新指数［EB/OL］．白旻译．http：//intl.ce.cn/specials/zxgjzh/201409/07/t20140907_3496188.shtml.

［59］德国．国家氢能战略［Z］．2020.

［60］德勤行业洞察．2014德勤中国清洁技术20强评选［EB/OL］．http：//www.paigu.com/a/607887/27345481.html.

［61］欧洲委员会．欧洲绿色新政［Z］．2019.

［62］中华人民共和国清洁生产促进法［M］．北京：中国法制出版社，2012.

［63］中华人民共和国环境保护税法［M］．北京：中国法制出版社，2018.

［64］国家发展改革委．节能低碳技术推广管理暂行办法［Z］．2014.

［65］国家发展改革委，国家能源局．能源技术革命创新行动计划（2016–2030）［Z］.2016.

［66］国家发展改革委，国家科技部．关于构建市场导向的绿色技术创新体系的指导意见［Z］．2019.

［67］国务院．"十三五"国家战略性新兴产业发展规划［Z］．2016.

附录一：减缓或适应气候变化及应用的技术（CPC-Y02）目录

　　根据 CPC 的 Y02 子目录分类，综合了全部技术中关于减缓或适应气候变化及应用的技术类别，总体分为八个类别，各类别下属又可分为一至四级的技术目录，并具有逐次从属关系。其中，"."表示一级技术目录，".."表示二级技术目录，"..."表示三级技术目录，"...."表示四级技术目录。具体分类编码及各级技术类别目录名称如下：

（一）Y02A 适应气候变化的技术

Y02A10/00 在沿海地区；在河川流域

Y02A10/11. 硬结构

Y02A10/23.. 沙丘恢复或创造

Y02A10/26.. 人工礁

Y02A10/30. 防洪；洪水管理或住宿；雨水管理

Y02A10/40. 监测；预测；规划

Y02A20/00 节水；高效供水；高效用水

Y02A20/108.. 雨水收集

Y02A20/124.. 水脱盐

Y02A20/131.... 反渗透

Y02A20/138... 由可再生能源提供动力

Y02A20/141.... 来源是风力

Y02A20/142.... 所述源是太阳能热或光伏

Y02A20/144.... 来源是波浪能

Y02A20/146.. 灰水的使用

Y02A40/135.... 耐盐植物

Y02A40/138.... 耐热植物

Y02A40/146.... 转基因植物

Y02A40/20.... 生物来源的可持续肥料

Y02A40/22.. 改善土地利用；改善水的使用或可用性；控制侵蚀

Y02A40/25.. 温室技术

Y02A40/28.. 特别适合耕作

Y02A40/51. 特别适用于储存农业或园艺产品

Y02A40/58.... 使用可再生能源

Y02A40/60. 生态走廊或缓冲区

Y02A40/70. 在畜禽

Y02A40/76... 使用可再生能源

Y02A40/80. 渔业管理

Y02A40/81.. 水产养殖，即水产动物的养殖

Y02A40/818.... 水产替代饲料

Y02A40/90. 食品加工或处理

Y02A40/924... 使用可再生能源

Y02A40/926.... 使用太阳能加热的炊事炉具或熔炉

Y02A40/928.... 使用生物质的炊事炉具

Y02A40/963... 离网食品冷藏

Y02A40/966.... 由可再生能源提供动力

Y02A50/00 在人类健康保护方面

Y02A50/20. 改善或保存空气质量

Y02A50/2351.... 大气颗粒物 [PM]，例如碳烟微粒，烟雾，气溶胶微粒，灰尘

Y02A50/30. 防治病媒传染的疾病

Y02A90/00 对适应气候变化作出间接贡献的技术

Y02A90/10. 支持适应气候变化的信息和通信技术

Y02A90/30. 水资源评价

Y02A90/40. 监测或打击入侵物种

（二）Y02B 与涉及建筑物的气候变化延缓技术相关的索引表

Y02B10/00 建筑物中可再生能源的整合

Y02B10/10. 光伏的 [PV]

Y02B10/20. 太阳能热的

Y02B10/30. 风能

Y02B10/40. 地热热泵

Y02B10/50. 住处中的水能

Y02B10/70. 混合动力系统

Y02B20/00 节能照明技术

Y02B20/30. 半导体灯，例如固态灯 [SSL]，发光二极管 [LED] 或者有机发光二极管 [OLED]

Y02B20/40. 提供节能的控制技术

Y02B20/72.. 用于街道照明

Y02B30/00 高效能采暖，通风或空气调节 [HVAC]

Y02B30/12.. 使用热泵的热水集中采暖系统

Y02B30/13.. 使用热泵的热空气集中供暖系统

Y02B30/17.. 区域供热

Y02B30/18.. 使用回收热或废热的家庭热水供给系统

Y02B30/52.. 热回收泵，即基于能在房屋的不同区域或设备的不同部分传送热能的系统或单元，改进整体能效的热泵

Y02B30/54.. 自由冷却系统

Y02B30/56.. 热回收单元

Y02B30/62.. 基于吸收的系统

Y02B30/625... 热电联合生成 [CHP] 系统的整合，即热电冷三联产

Y02B30/70. 高效控制和调节技术

Y02B30/90. 无源住宅；双幕墙技术

Y02B40/00 目的在于改进家用电器能效的技术

Y02B40/18.. 太阳能烹饪炉灶或炉

Y02B50/00 电梯、自动扶梯和自动人行道中的节能技术

Y02B70/00 用于终端用户侧的高效的电源管理和消耗技术

Y02B70/10. 通过使用开关模式电源供给 [SMPS] 改进效率的技术，即高效的电力电子转换

Y02B70/30. 关于电源网络操作和通信或信息技术的系统，以改进住宅或三级负荷的管理的碳脚，即在建筑领域作为气候变化减缓技术的智能网络，还包括本地级别的电源分配、控制、检测或操作管理系统的最后阶段

Y02B70/3225.... 请求应答系统，例如甩负荷，调峰

Y02B70/34.. 在建筑物中支持终端用户应用设备的碳中性操作的智能电表

Y02B80/00 改进建筑物温度性能的建筑或构造元素

Y02B80/10. 绝热

Y02B80/22.. 玻璃

Y02B80/32.. 屋顶花园系统

Y02B90/00 具有对温室气体减排有潜在或间接贡献的技术或使能技术

Y02B90/10. 燃料电池在建筑中的应用

Y02B90/20. 系统，集成有关于电源网络操作的技术，以及作为改进住宅或三级负荷管理的碳足印的媒介的通信或信息技术，即在建筑领域中作为使能技术的智能网络

（三）Y02C 温室气体 [GHG] 的捕捉、存储、扣押或处理技术

Y02C20/00 除了二氧化碳以外的温室气体 [GHG] 的捕捉或处理

Y02C20/10. 氧化亚氮（N_2O）的

Y02C20/20. 甲烷的

Y02C20/30. 全氟化碳 [PFC]，氢氟碳化物 [HFC] 或者六氟化硫 [SF_6]

Y02C20/40. 二氧化碳含量

（四）Y02D 信息和通信技术中的减缓气候变化技术 [信通技术]，即旨在减少自身能源使用的信息和通信技术

Y02D10/00 节能计算

Y02D30/00 降低通信网络能耗的高级技术

Y02D30/50. 在有线通信网络中，例如低功率模式或降低的链路速率

Y02D30/70. 在无线通信网络中

（五）Y02E 与发电、输电、配电相关的温室气体 [GHG] 减排

Y02E10/00 通过可再生能源的发电

Y02E10/10. 地热能

Y02E10/20. 水电能源

Y02E10/30. 来自海水的能量（潮汐流入 Y02E10/28）

Y02E10/40. 太阳热能

Y02E10/44.. 热交换系统

Y02E10/46.. 热能到机械能的转换，如朗肯、斯特林太阳热能发动机

Y02E10/47.. 配件或跟踪

Y02E10/50. 光伏 [PV] 能源

Y02E10/52.. 聚光光伏系统

Y02E10/541...CuInSe$_2$ 材料光伏电池

Y02E10/542... 染料敏化太阳能电池

Y02E10/543... 来自 II – VI 族材料的太阳能电池

Y02E10/544... 来自 III – V 族材料的太阳能电池

Y02E10/545... 微晶硅光伏电池

Y02E10/546... 多晶硅光伏电池

Y02E10/547... 单晶硅光伏电池

Y02E10/548... 非晶硅光伏电池

Y02E10/549... 有机光伏电池

Y02E10/56.. 能量变换电气或电子方面

Y02E10/60. 热光伏混合能源

Y02E10/70. 风能

Y02E10/72.. 具有与风向一致的旋转轴线的风力涡轮机

Y02E10/727... 离岸塔

Y02E10/728... 陆上塔

Y02E10/74.. 具有与风向垂直的旋转轴线的风力涡轮机

Y02E10/76.. 能量变换电气或电子方面

Y02E20/00 具有减排潜力的燃烧技术

Y02E20/12.. 在垃圾焚烧或燃烧时的热利用

Y02E20/14.. 热电联产 [CHP]

Y02E20/16.. 联合循环发电厂 [CCPP]，或联合循环燃气轮机 [CCGT]

Y02E20/18... 整体气化联合循环 [IGCC]

Y02E20/30. 为获得更有效的燃烧或热使用的技术

Y02E20/32.. 直接二氧化碳减排

Y02E20/34.. 间接二氧化碳减排，即通过作用于过程中非 CO_2 直接相关的事项

Y02E30/00 核能发电

Y02E30/10. 聚变反应堆

Y02E30/30. 核裂变反应堆

Y02E40/00 高效的发电、输电、配电技术

Y02E40/10. 柔性交流输电系统 [FACTS]

Y02E40/20. 有源电力滤波器 [APF]

Y02E40/30. 无功补偿（Y02E40/10，Y02E40/20 优先）

Y02E40/40. 用于减少谐波的装置（Y02E40/10–Y02E40/30 优先）

Y02E40/50. 用于消除或减少多相网络不对称的装置

Y02E40/60. 超导电气元件或设备或集成超导元件或设备的电力系统

Y02E40/70. 关于电网运行和通信或信息技术的系统集成技术以改善电力生产、传输或分配的碳排放，即在能源部门作为缓解气候变化技术的智能电网

Y02E50/00 生产非化石燃料的技术

Y02E50/10. 生物燃料

Y02E50/30. 来自废物的燃料

Y02E60/00 对温室气体减排有潜在或间接贡献的技术或支撑技术

Y02E60/10. 储能器

Y02E60/13.. 超大容量电容器，超级电容器，双层电容器

Y02E60/14.. 蓄热器

Y02E60/16.. 机械能量储存，如飞轮

Y02E60/30. 氢技术

Y02E60/32.. 储氢

Y02E60/34.. 氢的分配

Y02E60/36.. 从非含碳源产氢

Y02E60/50. 燃料电池

Y02E60/60. 通过高压直流链路在交流网络之间转换电力的装置，高压直流输电

Y02E70/00 其他减少温室气体排放的能量转换或管理系统

Y02E70/30. 把能量存储与非化石能源产生相结合的系统

（六）Y02P 货物生产或加工中的气候变化减缓技术

Y02P10/00 金属加工相关技术

Y02P10/10. 减少温室气体排放

Y02P10/122... 通过捕集 CO_2

Y02P10/134... 通过避免 CO_2

Y02P10/143... 甲烷 [CH_4]

Y02P10/146... 全氟化碳 [PFC]；氢氟烃 [HFC]；六氟化硫

Y02P10/20. 工艺效率

Y02P10/25.. 通过提高工艺的能效

Y02P10/32... 可再生的能源

Y02P20/00 化工相关技术

Y02P20/10. 造成温室气体排放的生产工艺的总体改进

Y02P20/129... 能量回收

Y02P20/133... 可再生能源

Y02P20/141... 原料

Y02P20/143.... 原料为再生塑料

Y02P20/145.... 原料是生物来源的材料

Y02P20/151... 减少温室气体排放

Y02P20/155..... 全氟化碳 [PFC]；氢氟烃 [HFC]；氢氯氟烃 [HCFC]；含氯氟烃

Y02P20/156.... 甲烷 [CH_4]

Y02P20/20. 与氯生产有关的改进

Y02P20/30. 与己二酸或己内酰胺生产有关的改进

Y02P20/40. 关于氯二氟甲烷 [HCFC-22] 生产的改进

Y02P20/50. 与氯，己二酸，己内酰胺或氯二氟甲烷以外的产品的生产有关的改进，例如散装或精细化学品或药物

Y02P20/52.. 使用催化剂，例如选择性催化剂

Y02P20/54.. 其特征在于溶剂

Y02P20/55.. 合成设计，例如减少辅助或保护基团的使用

Y02P20/582... 未反应的原料或中间体的

Y02P20/584... 催化剂的红外光谱

Y02P20/59.. 生物合成；生物净化

Y02P30/00 炼油和石油化工相关技术

Y02P30/20. 生物原料

Y02P30/40. 乙烯生产

Y02P40/00 矿物加工技术

Y02P40/10. 水泥生产

Y02P40/121... 能效措施，例如改进或优化生产方法

Y02P40/125... 来自可再生能源的燃料

Y02P40/18.. 碳捕获和储存

Y02P40/40. 石灰的生产或加工

Y02P40/45.. 使用来自可再生能源的燃料

Y02P40/50. 玻璃生产

Y02P40/57.. 降低废品率；提高产量

Y02P40/60. 陶瓷材料或陶瓷元件的生产

Y02P60/00 与农业，畜牧业或农业食品工业有关的技术

Y02P60/12.. 使用可再生能源

Y02P60/14.. 节能措施

Y02P60/20. 减少农业中的温室气体排放

Y02P60/21.. 一氧化二氮

Y02P60/22.. 减少农业用地，例如稻田的甲烷 $[CH_4]$ 排放

Y02P60/30. 土地利用政策措施

Y02P60/40. 造林或再造林

Y02P60/50. 畜禽管理

Y02P60/52.. 可再生能源的使用

Y02P60/60. 钓鱼

Y02P60/80. 食品加工

Y02P60/85.. 食品储存或保存

Y02P60/87.. 饲料生产中食品加工副产品的再利用

Y02P70/00 最终工业或消费品生产过程中的气候变化减缓技术

Y02P70/10. 温室气体 [GHG] 捕获，节省材料，热回收或其他节能措施，例如电机控制，其特征在于制造工艺

Y02P70/50. 以最终制造产品为特征的制造或生产方法

Y02P70/62.. 用于生产或处理纺织品或柔性材料或其产品，包括鞋类的相关技术

Y02P80/00 适用于全部门应用的减缓气候变化技术

Y02P80/10. 有效利用能源

Y02P80/14.. 区域一级的解决方案，即地方能源网络

Y02P80/15.. 现场组合电力，热或冷的产生或分配，例如组合热和电力 [CHP] 供应

Y02P80/20. 使用可再生能源的全部门应用

Y02P80/30. 减少制造过程中的浪费；排放废物量的计算

Y02P80/40. 最小化制造过程中使用的材料

Y02P90/00 对减少温室气体排放有潜在贡献的扶持技术

Y02P90/02. 工厂总控制，例如智能工厂，柔性制造系统（FMS）或集成制造系统（IMS）

Y02P90/30. 特别适用于制造的计算系统

Y02P90/40. 生产过程中的燃料电池技术

Y02P90/45. 生产过程中的氢气技术

Y02P90/50. 具有附加气候变化缓解效应的工业储能

Y02P90/60. 用于生产过程的电动或混合推进装置

Y02P90/70. 油井注入 CO_2 或碳酸水联合封存 CO_2 和开采烃类

Y02P90/80. 管理或规划

Y02P90/82.. 能源审计或其管理系统

Y02P90/84.. 温室气体管理系统

Y02P90/845... 温室气体清单和报告系统

Y02P90/90. 减缓气候变化的金融工具，例如环境税，补贴或融资

Y02P90/95.. 二氧化碳排放证书或信用交易

（七）Y02T 与运输有关的减缓气候变化的技术

Y02T10/00 客、货公路运输

Y02T10/10. 采用内燃机 [ICE] 的车辆

Y02T10/12.. 传统内燃机指示效率的改进技术

Y02T10/30.. 替代燃料的使用

Y02T10/40.. 发动机管理系统

Y02T10/60. 具有气候变化减缓效应的其他公路运输技术

Y02T10/62.. 混合动力汽车

Y02T10/64.. 电机技术在电动车辆中的应用

Y02T10/70.. 用于电动车辆的储能

Y02T10/7072... 电动车辆用于电池，超大容量电容器，超级电容器或双层电容器的特定的充电系统或方法

Y02T10/72.. 电动车辆中的电能管理

Y02T10/80. 通用于所有公路交通技术的以减少温室气体排放为目的的技术

Y02T10/82.. 用于空气动力学设计的工具或系统

Y02T10/84.. 数据处理系统或方法，管理，行政

Y02T10/86.. 滚动阻力优化

Y02T10/88.. 优化的组件或子系统，如照明，主动控制玻璃

Y02T10/90.. 用于辅助能源消耗的作为电源的能量收集概念，如光伏太阳屋顶

Y02T10/92.. 特别适用于车辆的电池，超大容量电容器，超级电容器或双层电容器的高效的充电或放电系统

Y02T30/00 经由铁路的货物或旅客运输

Y02T50/00 航空或航空运输

Y02T50/10. 减阻

Y02T50/30. 机翼升力效率

Y02T50/40. 减重

Y02T50/50. 目的在于提高能源效率的机上措施

Y02T50/60. 高效率的推进技术

Y02T50/678... 使用非化石来源的燃料

Y02T50/80. 高效运行措施

Y02T70/00 海上或水路运输

Y02T70/10. 关于船舶船体设计或建造的措施

Y02T70/50. 与推进系统有关的减少温室气体排放的措施

Y02T70/5218.... 低碳燃料，如天然气、生物燃料

Y02T70/5236... 可再生或混合动力解决方案

Y02T90/00 对减缓温室气体排放有潜在或间接贡献的技术或支撑技术

Y02T90/10. 关于电动汽车充电的技术

Y02T90/12.. 充电站

Y02T90/14.. 插电式电动汽车

Y02T90/16.. 改善电动汽车运行的信息或通信技术

Y02T90/167... 与电网运行和通信或信息技术相关的系统集成技术以支持电动或混合动力车的互操作性，即作为电动和混合动力车的电池充电接口的智能电网

Y02T90/40. 氢技术在交通中的应用

（八）Y02W 与废水处理或废物管理有关的减缓气候变化技术

Y02W10/00 废水处理技术

Y02W10/10. 水，废水或污水的生物处理

Y02W10/20. 污泥处理

Y02W10/30. 以能源来源为特征的具有减缓气候变化作用的废水或污水处理系统

Y02W10/33.. 利用风能

Y02W10/37.. 利用太阳能

Y02W10/40. 废水，污水或污泥处理副产物的评价

Y02W30/00 固体废物管理技术

Y02W30/10. 与废物收集，运输，转移或储存有关

Y02W30/20. 与废物处理或分离有关

Y02W30/30. 旨在减少甲烷排放的填埋技术

Y02W30/40. 生物有机部分处理；从废物或垃圾的有机部分生产肥料

Y02W30/50. 再利用，再循环或回收技术

Y02W30/52.. 在分离，拆卸，预处理或升级过程中用于回收材料的废物的拆解或机械加工

Y02W30/56.. 拆卸回收可回收零件的车辆

Y02W30/58.. 建造或拆除

Y02W30/60.. 玻璃回收

Y02W30/62.. 塑料回收

Y02W30/64.. 纸张回收

Y02W30/66.. 分解含纤维的纺织制品以获得用于再使用的纤维

Y02W30/74.. 回收脂肪，脂肪油，脂肪酸或其他脂肪物质

Y02W30/78.. 木材或家具废料的再循环

Y02W30/80.. 包装再利用或再循环

Y02W30/82.. 电气或电子设备废物的回收利用

Y02W30/84.. 电池回收

Y02W30/91... 使用废料作为灰浆或混凝土的填料

Y02W90/00 对减少温室气体排放具有潜在或间接贡献的扶持性技术或技术

Y02W90/10. 生物包装

附录二：研究基准模型：AABH 模型

AABH 模型是指 Acemoglu 等（2012）论文中构建的理论框架，该模型主要分析碳税和清洁技术研发资助等政策如何促进厂商研发从传统技术转向清洁技术研发的作用机制，是一个相对较好的基准研究模型。

F2.1　模型框架结构

模型假设是要对经济环境和行为主体作一些较为严格的设定。关于厂商的基本设定。假设在经济中只存在唯一的最终产品，是使用"清洁（Clean）"和"传统（Dirty）"两种竞争性投入品进行 CES 复合而成，分别由清洁生产部门（简称 C 部门）和传统生产部门（D 部门）生产，清洁部门使用清洁技术和设备生产不产生碳排放，传统部门使用传统技术和设备生产产生碳排放，复合公式为

$$Y_t = (Y_{ct}^{(\varepsilon-1)/\varepsilon} + Y_{dt}^{(\varepsilon-1)/\varepsilon})^{\varepsilon/(\varepsilon-1)} \quad\quad （F1）$$

式中，Y_{ct}、Y_{dt} 和 Y_t 分别表示在 t 期清洁生产部门、传统生产部门和最终产品的数量，ε 表示两部门产品的替代弹性，且 $\varepsilon>1$[①]。假设两种产品的关系是垄断竞争关系，当两部门利润均最大化时，价格之比相对需求之比的替代弹性等于两种产品替代弹性倒数的负值（Dixit 和 Stiglitz，1977），则两部门的相对价格和相对产量的关系表示为

$$\frac{p_{ct}}{p_{dt}} = \left(\frac{Y_{ct}}{Y_{dt}}\right)^{-1/\varepsilon} \quad\quad （F2）$$

最终产品价格可以标准化为 1，则两产品价格的关系可以表示为

---

① 当 $\varepsilon>1$ 时，表示两部门产品的替代弹性总体上是替代的；当 $\varepsilon<1$ 时，表示两部门产品的替代弹性总体上是互补的。如果经济中两部门产品总体上是替代关系，研究创新可以完全从 D 部门转向 C 部门，所以，这里仅分析 $\varepsilon>1$ 的情况。

$$(p_{ct}^{1-\varepsilon} + p_{dt}^{1-\varepsilon})^{1/(1-\varepsilon)} = 1 \qquad (\text{F3})$$

假设两部门的生产均使用劳动和"中间设备"两种要素进行生产，将各种类型的中间设备投入之和标准化为1，生产函数中技术进步体现为资本节约型，则可设 t 时期的两部门生产函数为

$$Y_{jt} = L_{jt}^{1-\alpha} \int_0^1 A_{jit}^{1-\alpha} x_{jit}^{\alpha} di \qquad (\text{F4})$$

式中，$j \in \{c, d\}$，j 表示生产部门是 C 或 D；L_{jt} 表示在 t 期 j 部门的劳动投入量，代表了 j 部门的市场规模；x_{jit} 表示在 t 期 j 部门 i 类型中间设备的投入数量；α 表示 Y_{jt} 相对要素 x_{jit} 的产出弹性；A_{jit} 表示在 t 期 j 部门 i 类型中间设备的质量，代表其技术水平程度和技术性质，是决定是否会产生碳排放的关键变量。技术进步效率主要取决于三个方面：一是依赖于前期所累积的知识技术；二是对生产效率的提高程度；三是研发成功的概率。所以，技术进步函数可表示为

$$A_{jt} = \eta_j (1+\gamma) A_{jt-1} \qquad (\text{F5})$$

式中，η_j 表示 j 部门研发成功概率，且 $0 < \eta_j < 1$；γ 表示技术研发成功后技术相对提高的比例；A_{jt} 表示在 t 期 j 部门的技术水平。假设这两个部门分别进行清洁技术研发和传统技术研发，科研人员随机的分布，其数量分别为 s_{ct} 和 s_{dt}，将科研人员的总供给标准化为1，科研人员的供需关系可表示为 $s_{ct} + s_{dt} \leq 1$，如果所有的科研人员都集中在 C 部门，则清洁技术不断进步，而 D 部门技术停滞，则最终会全部转向清洁生产，逐步恢复环境。将各类型的中间设备投入之和标准化为1，在 t 时期 j 部门的平均技术水平为该部门所有中间设备生产技术的集成，可表示为

$$A_{jt} \equiv \int_0^1 A_{jit} di \qquad (\text{F6})$$

式中，A_{jt} 的增长率可根据研发人员的数量 s_{jt}、研发成功的概率 η_j 和技术相对改进比例 y 的乘积来决定，即可表示为

$$A_{jt} = (1 + \gamma \eta_j s_{jt}) A_{jt-1} \qquad (\text{F7})$$

另外，劳动要素的供给量也可标准化为1，当市场出清时，两部门的劳动需求总量不超过劳动供给，则供需关系表示为 $L_{ct} + L_{dt} \leq 1$。

关于社会计划者的设定。假设政府作为集权的社会计划者，决策时考虑追求社会福利的最大化，是基于个人效应函数的帕累托最优化标准，经济中代表性的

行为主体为无限期界离散时间的家户、厂商和科研人员，则设定总效用函数为

$$U = \sum_{t=0}^{\infty} \frac{u(C_t, S_t)}{(1+\rho)^t} \qquad (F8)$$

式中，C_t 表示家庭消费的唯一最终产品，S_t 表示环境质量，$\rho > 0$ 表示效用的贴现率，反映了效用的时间偏好程度。可设消费者瞬时效应函数 u（C_t，S_t）为

$$u(C_t, S_t) = \frac{(\phi(S_t) C_t)^{1-\sigma}}{1-\sigma} \qquad (F9)$$

式中，ϕ（S_t）表示环境质量对消费效用产生的影响系数。u（C_t，S_t）是关于消费数量 C_t 和环境质量 S_t 的增函数，并满足稻田条件：$\lim\limits_{C \to 0} \partial u(C,S) / \partial C = 0$，$\lim\limits_{S \to 0} \partial u(C,S) / \partial S = \infty$ 和 $\lim\limits_{S \to 0} u(C,S) = -\infty$。

当市场出清时，由式（3.3）可知最终产品的价格是 1，则家户对于最终产品的消费为总收益减去中间产品产生的总成本，表示为

$$C_t = Y_t - \psi \left(\int_0^1 x_{cit} di + \int_0^1 x_{dit} di \right) \qquad (F10)$$

式中，ψ 表示中间设备提供厂商生产的平均成本。对于环境质量的修复路径，一是取决于 D 部门当期的生产对未来的环境质量造成的损耗，二是取决于生态环境存在着一定的自我修复功能，且生态修复当期的效率可以改善未来的环境质量。存在着碳排放权交易，政府会对碳排放配额系数进行控制，控制程度越高，θ_t 越小，环境破坏越小，则环境质量函数修正为

$$S_{t+1} = (1+\delta)S_t - \xi Y_{dt} \qquad (F11)$$

式中，S_t 表示当期环境质量，且 $0 < S_t < \bar{S}$，$\bar{S}$ 表示没有被破坏的初始生态环境；δ 表示生态系统的自我修复效率；ξ 表示 D 部门 t 的生产对环境质量损耗的影响系数。

社会计划者面临的经济初始状态和 AABH 模型一样，假设技术创新主要集中在 D 部门，令 $\varphi =$（$1-\alpha$）（$1-\varepsilon$），则两部门初始技术水平之比为 [1]

---

[1] 方程式保证了初始的技术创新集中在 D 部门，推导过程可参见 Acemoglu 等（2012）的分析。一般而言，经济初始状态下，D 生产相对更容易，技术水平和技术创新均比 C 部门强，正是在此假设条件下才能进行本书的分析。

$$\frac{A_{c0}}{A_{d0}} < \min\left[(1+\gamma\eta_c)^{\frac{\varphi+1}{\varphi}}\left(\frac{\eta_c}{\eta_d}\right)^{1/\varphi}, (1+\gamma\eta_d)^{\frac{\varphi+1}{\varphi}}\left(\frac{\eta_c}{\eta_d}\right)^{1/\varphi}\right] \quad\text{(F12)}$$

制度激励目标就是使得经济中的环境质量恢复到初始的未被破坏前的环境质量 $S_0 = \bar{S}$，此时，环境质量的变化不影响效用函数，即 $\partial u(C, \bar{S})/\partial S = 0$。

F2.2　模型分析及结论

从模型的假设可以知道，两部门的最终产品生产需要都投入中间产品和劳动两个要素，是中间产品的需要方，中间产品的供给方是中间产品的生产厂商，中间产品市场要达到均衡必须中间产品的需求等于供给，决定中间产品的均衡产量和均衡价格，而最终产品的产生要利润最大化，则要求中间要素市场和劳动要素市场同时达到均衡。由此，该模型在分散决策经济中运用对两部门的最终产品构造利润函数，通过以下几个步骤可得到均衡解：第一步，对中间商品取一阶导数等于零得到中间商品的需求函数，然后假设简化的中间商品的供给商的利润函数，也取一阶导数等于零，得到中间商品的供给函数，需求等于供给，即可以得到中间产品的最优产量和价格；第二步，通过最终产品的利润函数对劳动要素取一阶导数等于零，工资假设两部门是没有差异的，可以得到相关的等式；第三步，结合前两个过程，可以得到最终产品和中间产品的厂商均获得了利润最大化的相关结论；第四步，因为科研人员研发和技术差异主要体现在中间产品之中，根据均衡的相关式求解最终科研人员和中间厂商选择生产方式的关系式，得到最终两种不同情况的解。

在分散决策经济求解过程中，得到两部门均衡时的最大利润函数为

$$\Pi_{jt} = \eta_j(1+\gamma)(1-\alpha)\alpha p_{jt}^{1/(1-\alpha)} A_{jt-1} L_{jt} \quad\text{(F13)}$$

将两部门获得最大利润的函数相比得到函数式

$$\frac{\Pi_{ct}}{\Pi_{dt}} = \frac{\eta_c}{\eta_d} \times \left[\frac{p_{ct}}{p_{dt}}\right]^{1/(1-\alpha)} \times \frac{L_{ct}}{L_{dt}} \times \frac{A_{ct-1}}{A_{dt-1}} \quad\text{(F14)}$$

通过该式可以得到选择技术研发的类型取决于该比值是否大于1。如果大于1，则厂商进行清洁技术研发获得的利润大于传统技术的研发。式（F14）右边主要分为三个影响因素，分别是价格效应、市场规模效应和直接生产率效应。将均

衡时的价格和劳动者数量代入该式即可得到

$$\frac{\Pi_{ct}}{\Pi_{dt}} = \frac{\eta_c}{\eta_d} \left(\frac{1 + \gamma \eta_c s_{ct}}{1 + \gamma \eta_d s_{dt}} \right)^{-\varphi-1} \left(\frac{A_{ct-1}}{A_{dt-1}} \right)^{-\varphi} \tag{F15}$$

因为假设初始条件是技术研发集中在传统技术方面，根据此式可以推导得到一般性的结论：当 $\varepsilon \geqslant 1$ 时，自由竞争的条件下存在唯一的均衡，即创新仅发生在传统技术研发部门，技术创新的长期增长率为 $\gamma \eta_d$，经济增长最终导致环境灾难。如果政府直接给予清洁技术研发部门资助，则清洁技术研发的厂商获得的最大收益变化为

$$\Pi_{ct} = (1 + q_t) \eta_c (1 + \gamma)(1 - \alpha) \alpha p_{ct}^{1/(1-\alpha)} A_{ct-1} L_{ct} \tag{F16}$$

运用（F15）同样得到结论：促进厂商转向清洁技术研发部门的政府补贴必须达到以下条件，当 $\varepsilon \geqslant (2-\alpha)/(1-\alpha)$ 时，$q_t \geqslant (1+\gamma \eta_d)^{-\varphi-1}(\eta_d/\eta_c)(A_{ct-1}/A_{dt-1})^{\varphi}-1$ 和当 $\varepsilon<(2-\alpha)/(1-\alpha)$ 时，$q_t \geqslant (1+\gamma \eta_d)^{\varphi+1}(\eta_d/\eta_c)(A_{ct-1}/A_{dt-1})^{\varphi}-1$。从补贴的两种情况可知，补贴的大小还取决于两种技术知识历史存量比值的大小，所以，单纯的研究补贴并不能达到厂商完全转向清洁技术研发的目标。最后，综合上述的分析得到分散决策的结论：当两种要素有强替代弹性（$\varepsilon \geqslant 1/(1-\alpha)$）且 $\overline{S}$ 充分大时，临时的清洁技术资助制度可以阻止环境灾难；相反，当两种要素是弱替代弹性时（$1<\varepsilon<1/(1-\alpha)$），临时的清洁技术研究资助不能阻止环境灾难。[①]

政府作为社会计划者，通过约束条件下求解利润最大化的方式，可以构造拉格朗日函数，通过影子价格的方式求得消费和环境的影子价格，将环境外部性内部化则可以求得最优税收的值，这个税收使得传统技术研发的厂商需要额外支付环境成本，正好是传统技术产生排放导致环境破坏的影子价格的累计值，该税收的值可以表示为

$$\tau_t = \frac{\xi}{\widehat{p}_{dt}} \frac{\dfrac{1}{1+\rho} \sum_{v=t+1}^{\infty} \left(\dfrac{1+\delta}{1+\rho} \right)^{v-(t+1)} I_{S_{t+1},\dots,S_v<\overline{S}} \partial u(C_v, S_v)/\partial S_v}{\partial u(C_t, S_t)/\partial C_t} \tag{F17}$$

式中，$\widehat{p}_{dt}$ 表示在 t 期传统技术生产的产品的影子价格，$I_{S_{t+1},\dots,S_v<\overline{S}}$ 表示当 $S_{t+1}, \dots, S_v < \overline{S}$ 时取单位值 1，对于社会最优配置资源同样需要将知识的正外部

---

① 具体分析过程见 Acemoglu 等（2012）中定理 1、定理 2 和定理 3 的分析。

性内部化，科学家将配置在较高收益的部门，如果将科学家都配置在清洁技术研发部门，那么必须要求下式成立。

$$\frac{\eta_c(1+\gamma\eta_c s_{ct})^{-1}\sum_{v\geq t}^{\infty}\dfrac{\partial u(C_v,S_v)/\partial C}{(1+\rho)^v}\hat{p}_{cv}^{1/(1-\alpha)}L_{cv}A_{cv}}{\eta_d(1+\gamma\eta_d s_{dt})^{-1}\sum_{v\geq t}^{\infty}\dfrac{\partial u(C_v,S_v)/\partial C}{(1+\rho)^v}\hat{p}_{dv}^{1/(1-\alpha)}L_{dv}A_{dv}}>1 \qquad （F18）$$

该式将技术外部性内部化，没有区分清洁技术和传统技术研发，要求该式成立还必须对清洁技术研发给予专项资助和税收。税收公式可以由式（F17）决定，则可求得清洁技术研究资助与税收的关系为

$$q_t>(1+\tau_t)^{-\varepsilon}(1+\gamma\eta_d)^{-\varphi-1}\frac{\eta_d}{\eta_c}\left(\frac{A_{ct-1}}{A_{dt-1}}\right)^{-\varphi}-1 \qquad （F19）$$

由以上分析可以得到结论：社会最优配置通过使用碳税、清洁技术创新的资助和所有机器使用的补贴达到；如果 $\varepsilon>1$ 且贴现率 ρ 充分小，则在一定的时间内技术创新全部转向清洁技术部门，经济增长渐进地达到 $\gamma\eta_c$，清洁部门最优资助 q_t 是临时的。然而，如果 $\varepsilon>1/（1-\alpha）$，则最优的碳税 τ_t 是临时的。[①]

如果考虑自然资源的可耗竭性，则随着不断开采，资源会变得越来越稀缺，那么可耗竭性资源的价格会不断上升，所以，将可耗竭性资源价格引入模型框架，可以拓展模型结构。假设当期的资源总量 Q_t 减去可耗竭资源消耗量 R_t 等于下一期的资源总量 Q_{t+1}，则资源总量的变动函数表示为

$$Q_{t+1}=Q_t-R_t \qquad （F20）$$

假设可耗竭性资源仅发生在 D 部门，则其生产函数（F4）重新设定为

$$Y_{dt}=R_t^{\alpha_2}L_{dt}^{1-\alpha}\int_0^1 A_{dit}^{1-\alpha_1}x_{dit}^{\alpha_1}di \qquad （F21）$$

式中，$\alpha_1+\alpha_2=\alpha$，α_2 表示 R_t 对 D 部门产量的弹性系数。根据式（F21）推断当市场出清时，消费最终品的关系式（F10）可修正为

$$C_t=Y_t-\psi(\int_0^1 x_{cit}+\int_0^1 x_{cit})-c(Q_t)R_t \qquad （F22）$$

式中，$c（Q_t）$ 表示可耗竭资源的获取成本，也可用其价格 p_{rt} 表示，则 $p_{rt}=c（Q_t）$。通过同样的方式可以求得

---

① 具体分析过程见 Acemoglu 等（2012）中定理 5 和定理 6 的分析。

$$\frac{\Pi_{ct}}{\Pi_{dt}} = \kappa \frac{\eta_c p_{rt}^{\alpha_2(\varepsilon-1)}}{\eta_d} \frac{(1+\gamma\eta_c s_{ct})^{-\varphi-1}}{(1+\gamma\eta_d s_{dt})^{-\varphi_1-1}} \frac{(A_{ct-1})^{-\varphi}}{(A_{dt-1})^{-\varphi_1}} \tag{F23}$$

式中，$\kappa = \dfrac{(1-\alpha)\alpha}{(1-\alpha_1)\alpha_1^{(1+\alpha_2-\alpha_1)/(1-\alpha_1)}} \left(\dfrac{\alpha^{2\alpha}}{\psi^{\alpha_2}\alpha_1^{2\alpha_1}\alpha_2^{\alpha_2}}\right)^{\varepsilon-1}$ 和 $\varphi_1=(1-\alpha_1)(1-\varepsilon)$。同样通过影

子价格的方式解得最优税收为

$$\tau_t = \frac{(1+\rho)^t m_\infty - \sum_{v=t+1}^{\infty} \frac{c'(Q_t)R_v}{(1+\rho)^{v-t}} \partial u(C_v, S_v)/\partial C_v}{p_{rt} \partial u(C_t, S_t)/\partial C_t} \tag{F24}$$

式中，m_∞ 表示在无穷大的年份之后的可耗竭资源的影子价格，且 $m_\infty>0$。将式（F24）代入式（F19）即可得到对清洁技术研发的资助额度，厂商研发会转向清洁技术，达到环境恢复的目标。根据上述分析可以得到结论：假如两投入要素是替代的（$\varepsilon>1$），考虑资源的可耗竭性时，在长期创新将完全转向清洁技术部门时，经济以 $\gamma\eta_c$ 的速度增长，如果环境 $\bar{S}$ 是充分大的，自由竞争的条件下可以避免环境灾难；社会资源的最优配置通过使用碳税、清洁技术创新的资助、所有机器使用的补贴和资源税达到，其中资源税必须持续到永远。[①]

---

① 具体分析过程见 Acemoglu 等（2012）中定理 7 和定理 8 的分析。

后 记

国家生态文明建设、碳达峰碳中和战略等目标的推进对环境保护提出了越来越高的要求，同时经济增长又是国家发展和人民富裕的必然路径，而清洁技术创新正是两者协同推进和协调发展的重要途径。本书的核心内容是在市场机制决定配置资源的条件下，以外部性理论和经济增长理论为基础，系统地分析开放经济下清洁技术创新的偏向性政策激励机制，恰好与国家2019年出台的《关于构建市场导向的绿色技术创新体系的指导意见》不谋而合。从2013年博士学位论文写作时，笔者就选定清洁技术创新为研究对象，后因为获得了国家社科基金项目的立项资助，所以，该研究一直持续到2021年项目结题。期间由于一些原因，研究工作断断续续，最终能顺利完成项目任务，着实不容易，还被评定为"良好"等级，甚感欣慰！至此，才有一种石头落地的轻松感！本书以结项报告为核心内容，重点在于经济理论的探索，存在着较多的不足之处，和现实世界存在着一定的偏差，希望后期能得到专家们的批评指正。

回首近10年的研究历程，深感曲折和艰辛！这期间，先后经历了华中科技大学经济学院的博士研究生学习、哈尔滨工业大学（深圳）及中共深圳市委党校的博士后工作、湖南科技大学商学院工作等阶段，感谢这些单位提供的学习机会或工作平台！在此期间，非常有幸遇到了四位恩师，他们均是著作等身、成绩斐然的前辈学者，有着扎实的理论功底和优秀的人格魅力，永远是我学习的榜样；他们毫无保留地教授我学习和研究方法，无私地给予我关心和帮助，令我终身受益！

首先，感谢博士研究生期间的两位导师。第一位是国务院发展研究中心李佐军研究员。读博期间主要是在李老师的指导下进行，李老师当时任资源与环境政策研究所副所长，虽然工作繁忙，但对学生的要求非常严格，经常利用到武汉出差的机会，利用休息时间召集学生们开会到深夜，至今还历历在目。本书的选题正是在这期间反复讨论和斟酌之后确定，后来参与了李老师在深圳、烟台、岳阳、益阳等地区的多个课题，合作发表了多篇学术论文，在调研和写作过程中，李老师言传身教令我受益匪浅。在本书出版之际，特别感谢李佐军老师抽出宝贵的时间为本书撰写序言！第二位是华中科技大学经济学院副院长宋德勇教授。宋老师既是我的博士生校内导师，又曾经是我的硕士研究生导师，衷心感谢宋老师给予的帮助和提携，能够让我有机会两次进入华中科技大学经济学院学习，引领我踏入经济学研究的门槛！

其次，感谢博士后期间的两位导师。第一位是中共深圳市委党校（深圳社会主义学院）谭刚研究员。谭老师是校领导并兼任多个部门职务，行政事务较多，依然在课题申报及研究、博士后工作报告撰写等过程中都给予了精心的指导，并给了我一个比较宽松的研究环境，让我能有较大的自由发挥空间，同时在工作和生活方面提供了诸多帮助，在此衷心地感谢谭老师对我的付出！第二位是哈尔滨工业大学（深圳）经济管理学院副院长李力教授。记得在深圳某咖啡厅向李老师请教国家社科基金和中国博士后基金的申报，后来还参与了李老师的国家项目申报，感觉就发生在昨天。连续获得课题立项及后续研究不断取得进展，令相处非常愉快！不仅如此，李老师在工作上、生活中都给予很多的关心和帮助，衷心地表示感谢！

再次，感谢研究过程中给予支持的领导和同事们。项目研究主要是在湖南科技大学工作期间完成，要特别感谢两位老领导给予的帮助！记得多次向现任校党委副书记刘友金教授请教，领导每次都会给出很多有价值的修改建议，特别是项目标题的修改意见令我茅塞顿开；原商学院院长向国成教授（湖南工商大学）毫无保留地传授我申报技巧和经验，对申报书指出了很多问题并帮助我不断完善，还作为项目研究团队成员给予了特别的支持！当然，还要感谢潘爱民教授、贺胜兵教授、曾祥炎教授、江海潮教授、曹休宁教授、李启平教授（常州大学）、贺凯健教授（湖南师范大学）、张志彬副教授、赵伟副教授、郭晓博士等同事们在这期间给予的帮助和支持！另外，特别感谢原中共深圳市委党校巡视员傅小随教授，深圳职业技术学院范芹副教授，龙岩学院杨林燕博士等老师的诸多支持！

最后，感谢家人们的关心，特别是感谢妻子和女儿的理解、付出和陪伴！一路走来，你们是黑暗中的光亮，在我最为艰难、迷茫的时候，正是你们给予的力量，助我拨云见日、不断前进！

　　既然选择了远方，便只顾风雨兼程！本书的出版只是研究的起点，身处这样一个伟大的新时代，作为一个以经济学教学和研究为职业的大学教师，深知学习和探究永无止境，务必做到求真务实、顶天立地、刻苦钻研，力求能为国家的建设和发展贡献自己微薄的力量！

王俊

2022 年 10 月 20 日于天津